冶金工业出版社

高职高专“十四五”规划教材

数控机床故障诊断与维修

主编 毛建辉 徐文俊 李东方

参编 刘俊杰 刘文军 兰叶深 吴国强

饶楚楚 邓玉娟 祝惠一 王宇星

扫码输入刮刮卡密码 查看数字资源

电子课件

习题与答案

北 京

冶 金 工 业 出 版 社

2025

内 容 提 要

本书以数控机床装调维修工国家职业标准为指导，结合职业岗位特点，以工学结合为导向，介绍了数控机床维修和维护等多方面有关内容，包括数控机床故障诊断与维修基础、数控设备安装调试与验收、FANUC 0i 数控系统故障诊断与维修、主轴驱动系统故障诊断与维修、伺服驱动系统故障诊断与维修、辅助装置故障诊断与维修等。

本书可作为高职高专院校数控设备应用与维护、智能制造装备技术、机电一体化、机电设备维修、数控技术应用等专业的教材，也可作为数控设备装调维修工职业资格考试的培训教材以及数控加工编程人员和有关工程技术人员的参考书。

图书在版编目（CIP）数据

数控机床故障诊断与维修 / 毛建辉等主编. -- 北京 ：冶金工业出版社，2025. 7. -- (高职高专“十四五”规划教材). -- ISBN 978-7-5240-0250-5

Ⅰ. TG659

中国国家版本馆 CIP 数据核字第 2025ZT3922 号

数控机床故障诊断与维修

出版发行 冶金工业出版社　**电　　话** (010)64027926
地　　址 北京市东城区嵩祝院北巷 39 号　**邮　　编** 100009
网　　址 www. mip1953. com　**电子信箱** service@ mip1953. com

责任编辑 杜婷婷 王 颖 美术编辑 吕欣童 版式设计 郑小利
责任校对 梁江凤 责任印制 禹 蕊
北京富资园科技发展有限公司印刷
2025 年 7 月第 1 版，2025 年 7 月第 1 次印刷
787mm×1092mm 1/16；12 印张；288 千字；182 页
定价 49. 00 元

投稿电话 (010)64027932 投稿信箱 tougao@cnmip. com. cn
营销中心电话 (010)64044283
冶金工业出版社天猫旗舰店 yjgycbs. tmall. com
(本书如有印装质量问题，本社营销中心负责退换)

前　言

随着科学技术的不断发展，数控技术已成为现代工业制造的关键支撑。数控机床作为高效、精密的自动化设备，在机械制造领域发挥着越来越重要的作用。然而，由于其复杂的结构和高度自动化的运行模式，一旦数控机床发生故障，将会严重影响生产效率和产品质量。因此，掌握数控机床故障诊断与维修技术，对于保障设备的正常运行、提高企业的竞争力具有至关重要的意义。本书正是基于这一背景编写而成的，书中内容紧密结合当前数控技术的发展现状和实际生产需求，旨在为读者提供一本全面、系统且实用的数控机床故障诊断与维修指南。本书具有以下特色。

(1) 内容实用：书中详细介绍了数控机床故障诊断与维修的基本原理、常见方法及实际操作技巧，内容涵盖了从基础理论到实际应用的各个方面，使读者能够快速掌握并应用到实际工作中。

(2) 案例丰富：通过大量来自生产一线的实际案例，生动展示了数控机床故障的现象、原因及诊断过程，帮助读者加深理解，提高解决实际问题的能力。

(3) 注重实践：强调实践操作的重要性，提供了详细的故障诊断与维修步骤及注意事项，旨在培养读者的动手能力和解决问题的能力。

本书由衢州职业技术学院毛建辉、徐文俊、李东方担任主编，浙江永力达数控科技股份有限公司吴国强和衢州职业技术学院刘俊杰等参编；编写分工如下：毛建辉编写项目 1~项目 5 部分内容，徐文俊编写项目 1 和项目 2 部分内容，李东方编写项目 3 和项目 4 部分内容，刘俊杰编写项目 4 和项目 5 部分内容，其他参编人员负责项目 6 部分内容和图形绘制与修改工作。

本书在编写过程中，参考了有关文献资料和最新的国家及行业标准，得到了业内同行的大力支持与帮助，在此一并表示衷心的感谢。

由于编者水平所限，书中不妥之处，敬请广大读者批评指正。

编　者

2025 年 3 月

目 录

项目1 数控机床故障诊断与维修基础

课程思政

以鲁宏勋团队来弘扬大国工匠精神。团队成员个个秉持大国工匠精神，鲁宏勋本人更是其中的典范。他在数控加工一线坚守多年，对每一个零件都精雕细琢，其技艺之精湛令人赞叹。无论是复杂形状的工件，还是高精度要求的部件，他都能凭借丰富经验和高度专注完美呈现，这种对职业的热爱与执着，诠释了大国工匠的敬业与精益。而团队在科技创新方面同样成绩斐然。他们不满足于传统加工模式，积极探索数控技术与新兴科技的融合。引入智能化算法优化加工路径，研发新型刀具提升切削效率，用创新思维破解行业难题。他们的故事激励着我们，在数控技术学习中，要以匠心守初心，以创新谋发展，传承工匠精神，勇攀科技高峰，为制造业崛起贡献力量。

（来源于中国青年网）

知识目标

（1）了解数控机床故障诊断的意义。

（2）熟悉数控机床的组成与分类、数控机床系统的基本组成及工作过程。

（3）掌握数控机床维修的特点及主要故障、数控机床故障诊断的步骤与方法。

能力目标

懂得数控机床故障诊断具体操作时的注意事项。

任务1.1　数控机床故障诊断的意义

数控机床故障诊断是依据数控机床在运行过程中伴随故障必然产生的振动、噪声、温度、压力、力矩、电压、电流和功率等物理参数的变化，来判断和识别数控机床的工作状态。数控机床故障诊断研究的内容包括对数控机床运行现状的识别与诊断、对运行过程的检测以及对运行趋势的预测。应用故障诊断技术对数控机床进行检测和诊断，可及时发现故障，预防事故发生。数控机床故障诊断的重要意义在于改革了数控机床的维修制度，将定期维修变为预知维修，提高了数控机床的使用率，增加了经济效益。

数控机床故障的含义

数控机床故障是指数控机床丧失了达到自身应有功能的某种状态，其包括两层含义：一是数控机床功能降低，但没有完全丧失功能，产生故障的原因可能是自然寿命、工作环境的影响及性能参数的变化和误操作等；二是故障加剧，数控机床已不能保证其基本功能，称为失效。

数控机床故障诊断的目的：预防数控机床故障的发生，提高数控机床的可靠性和安全性。对失效的零部件的工作状态进行全面的分析和研究称为失效分析。

任务 1.2　数控机床的组成与分类

1.2.1　数控机床的组成

数控机床一般由数控系统、主轴和进给伺服驱动系统、强电控制柜（机床电气和逻辑控制装置）、机床本体和各类辅助装置组成。数控机床的基本结构如图 1-1 所示。

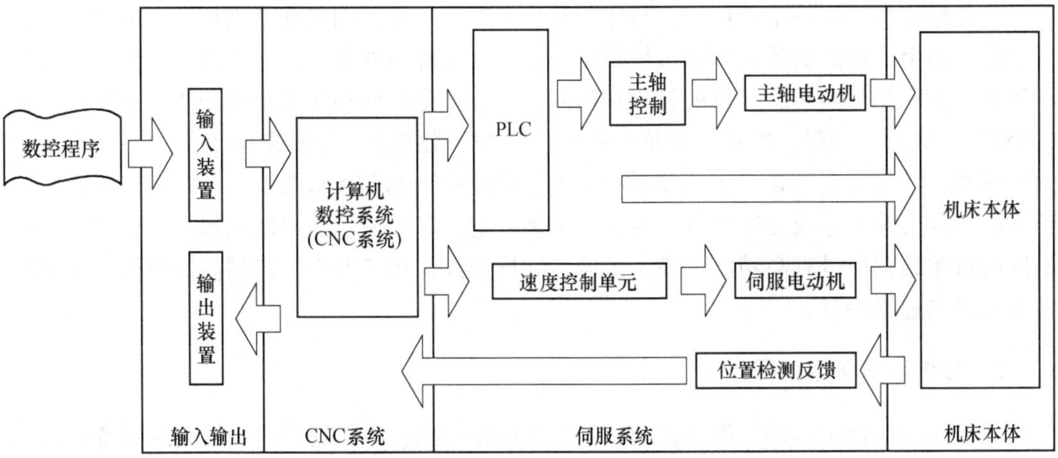

图 1-1　数控机床的基本组成框图

1.2.1.1　数控系统

数控系统是数控机床实现自动加工的核心，是整个数控机床的灵魂所在，其主要由输入装置、监视器、计算机数控系统、可编程控制器（PLC）、各类输入输出接口等组成。数控装置的作用是将数控加工程序的信息按两类控制量分别输出：一类是连续控制量，送往伺服驱动系统；另一类是离散的开关控制量，送往机床电气和逻辑控制装置。

1.2.1.2　伺服系统

伺服系统是数控系统和机床本体之间的电传动联系环节，主要有两种：一种是进给伺服系统，它控制机床各坐标轴的切削进给运动，以沿导轨的直线运动为主；另一种是主轴伺服系统，它控制主轴的旋转运动，提供切削动力。

1.2.1.3　辅助装置

辅助装置主要包括自动换刀装置（Auto Tool Changer，ATC）、自动交换工作台机构（Auto Pallet Changer，APC）工件夹紧放松机构、回转工作台、液压控制系统、润滑装置、冷却系统、排屑装置、过载和保护装置等。现代数控机床采用可编程控制器与数控装置共同完成对数控机床辅助装置的控制。

1.2.1.4　强电控制柜

强电控制柜主要用来安装机床强电控制的各种电气元器件，除了提供数控、伺服等类弱电控制系统的输入电源，以及各种短路、过载、欠压等电气保护外，主要在 PLC 的输出接口与机床各类辅助装置的电气执行元件之间起桥梁连接作用，控制机床辅助装置的各种交流电动机、液压气动系统电磁阀或电磁离合器等。此外，它也与机床操作面板上有关的手动按钮连接。强电控制柜由各种中间继电器、接触器、变压器、电源开关、接线端子和各类电气保护元器件等构成。机床电气和逻辑控制装置的作用：接收数控装置发出的开关命令，完成主轴启动与停止、工件夹紧与松开、工位工作台交换、换刀、冷却、润滑、液压、气动及其他辅助功能（主轴准停、PMC 轴、排屑等）的控制；将主轴启停结束、工件夹紧和工作台交换结束、换刀到位等信号送回数控装置。

1.2.1.5　机床本体

数控机床的本体指其机械结构实体，包括床身、底座、立柱、横梁、滑座和工作台等，它是整台机床的基础和框架。机床的其他零部件，或者固定在基础件上，或者工作时在它的导轨上运动。数控机床的机械结构，除机床基础部件外，还有主传动系统，进给传动系统，实现工件回转、定位的装置和附件，实现某些部件动作和辅助功能的系统和装置（如液压、气动、润滑、冷却等系统和排霉、防护等装置），刀架或自动换刀，自动拖盘交换装置，特殊功能装置（如刀具破损监控、精度检测和监控装置），为完全自动化控制功能的各种反馈信号及元器件等。为了保证高精度、高效率、高自动化程度的加工，数控机床的机械结构应具有高精度、高灵敏度、高抗振性、热变形小、高精度保持性、高可靠性和刀具先进等特点。

1.2.2　数控机床典型机械结构

数控机床包括主传动、进给传动、滚珠丝杠螺母副、导轨副、自动换刀装置及回转工作台等典型机械结构。

1.2.2.1　主传动结构

A　数控机床对主传动系统的要求

（1）转速高、功率大，能使数控机床进行大功率切削和高速切削，实现高效率加工。

（2）主轴必须具有较宽的调速范围，能迅速可靠地实现无级调速，使切削始终处于最佳运行状态。

（3）主轴必须具有较高的回转精度，足够的刚度和抗振性，较好的热稳定性，动态响应好。

（4）有些数控机床还具有自动换刀功能、主轴准停功能等。

B　主传动结构的配置方式

根据数控机床的类型与大小，其主传动结构主要有带传动、齿轮传动和电主轴三种形式。

C　典型主轴部件

主轴内部刀具自动夹紧机构是数控机床特别是加工中心的特有机构。图 1-2 所示为某加工中心主轴内部刀具夹紧结构，其刀具可以在主轴上自动装卸并进行自动夹紧，其工作原理如下：当刀具 2 装到主轴孔后，其刀柄后部的拉钉 3 便被送到主轴拉杆 7 的前端，在碟形弹簧 9 的作用下，通过弹性卡爪 5 将刀具拉紧。当需要换刀时，电气控制指令给液压系统发出信号。

使液压缸 14 的活塞左移，带动推杆 13 向左移动，推动固定在拉杆 7 上的轴套 10，使整个拉杆 7 向左移动。当弹性卡爪 5 向前伸出一段间隔后，在弹性力作用下，弹性卡爪 5 自动松开拉钉 3，此时拉杆 7 继续向左移动，喷气嘴 6 的端部把刀具顶松，机械手便可把

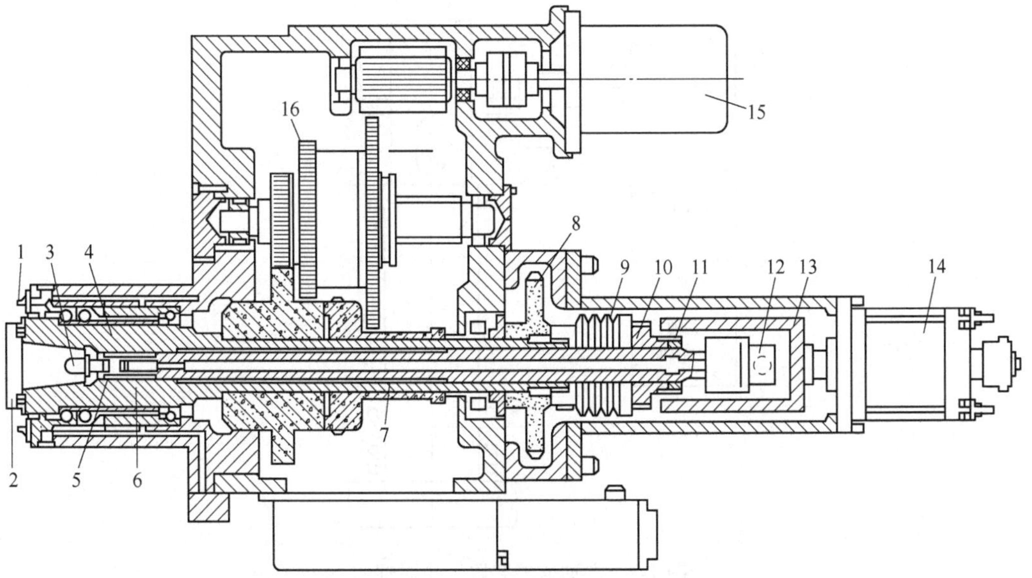

图 1-2　加工中心主轴内部刀具夹紧机构

1—冷却液喷嘴；2—刀具；3—拉钉；4—主轴；5—弹性卡爪；6—喷气嘴；7—拉杆；8—定位凸轮；9—碟形弹簧；10—轴套；11—固定螺母；12—旋转接头；13—推杆；14—液压缸；15—交流伺服电动机；16—换挡齿轮

刀具取出进行换刀。装刀之前，压缩空气从喷气嘴 6 中喷出，吹掉锥孔内脏物，当机械手把刀具装进之后，压力油通入液压缸 14 的左腔，使推杆退回原处，在碟形弹簧 9 的作用下，通过拉杆 7 又把刀具拉紧。冷却液喷嘴 1 用来在切削时对刀具进行大流量冷却。

D　主轴准停装置

数控机床为了完成刀具自动交换的动作过程，必须设置主轴准停机构。刀具装在主轴上，在主轴前端设置一个凸键，当刀具装入主轴时，刀柄上的键槽必须与凸键对准，才能顺利换刀。为此，主轴必须准确停在某一固定的角度上。图 1-3 所示为主轴电气控制准停装置工作原理图。用磁性传感器检测定位，在主轴上安装一个发磁体与主轴一起旋转，在距离发磁体旋转外轨迹 1～2 mm 处固定一个磁传感器，它经过放大器并与主轴控制单元相连接，当主轴需要定向时，便可停止在调整好的位置上。

1.2.2.2　进给传动结构

数控机床要求进给系统中的传动装置和元件具有寿命长、刚度高、无传动间隙、灵敏度高和摩擦阻力低的特点。在数控机床上将回转运动转换为直线运动，一般采用滚珠丝杠螺母副结构，如图 1-4 所示。滚珠丝杠螺母副结构的特点是：传动效率高，一般 $\eta=0.92$～0.96；传动灵敏，不易产生爬行；使用寿命长，不易磨损；具有可逆性，不仅可以将旋转运动转变为直线运动，也可将直线运动变成旋转运动；施加预紧力后，可消除轴向间隙，反向时无空行程；成本高，价格昂贵；不能自锁，垂直安装时需要有平衡装置。

进给传动系统通常是由伺服电动机、同步齿形带轮传动副和滚珠丝杠螺母副组成的，有的机床是直接将伺服电动机与滚珠丝杠连接。数控机床常采用直线滚动导轨，如图 1-5 所示，其具有自调整能力，安装基面允许误差大；制造精度高；可高速运行，运行速度可大于 10 m/s；能长时间保持高精度；预加负载可提高刚度等特点。

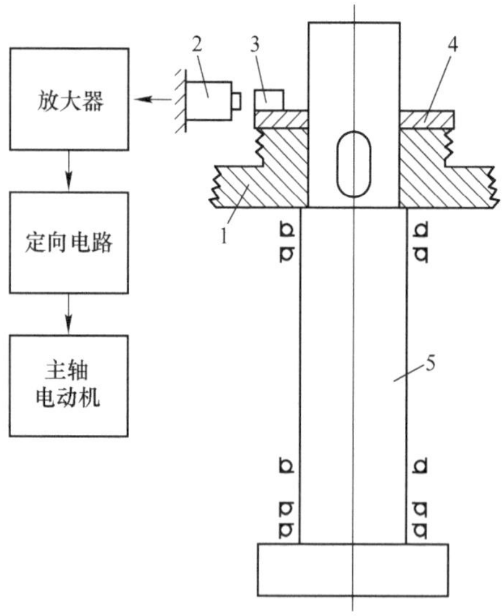

图 1-3　主轴准停装置工作原理图

1—多楔带轮；2—磁传感器；3—永久磁铁；4—垫片；5—主轴

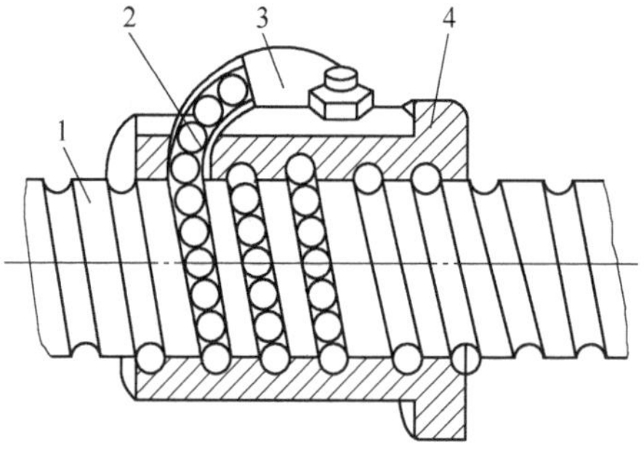

图 1-4　外循环滚珠丝杠螺母副结构

1—丝杠；2—滚珠；3—滚道；4—螺母

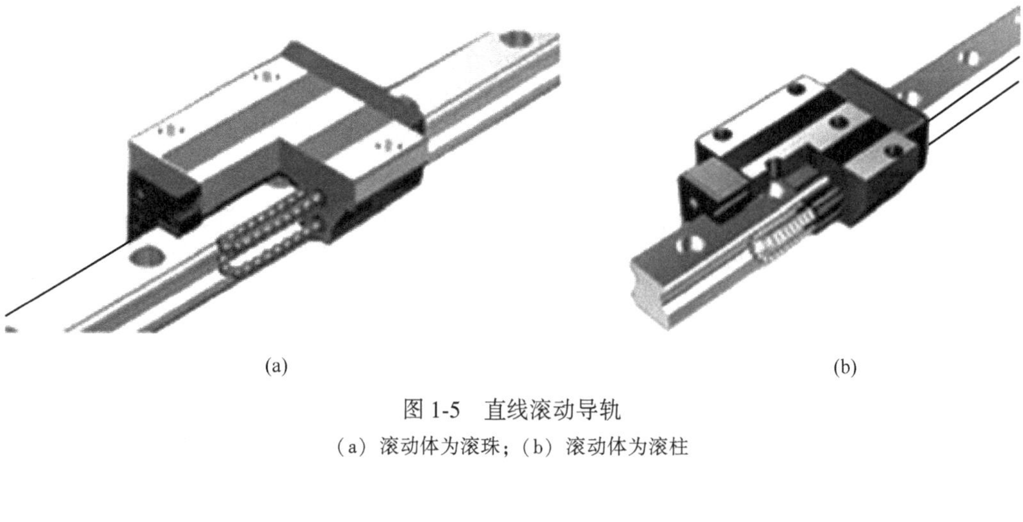

(a)　(b)

图 1-5　直线滚动导轨

（a）滚动体为滚珠；（b）滚动体为滚柱

1.2.3　数控机床的分类

数控机床按加工工艺及机床用途分类，如下所述。

金属切削类：数控车床、数控铣床、数控磨床、加工中心、数控钻床、数控齿轮加工机床；以车削为主兼顾铣钻削的车削中心；具有铣镗钻削功能、带刀库和自动换刀装置的镗铣加工中心（简称加工中心）等。

金属成形类：数控压力机、数控弯管机、数控旋压机和数控剪板机等。

特种加工类：数控电火花线切制机床、数控激光加工机床和数控电火花成形机床等。

测量、绘图类：三坐标测量仪和数控绘图仪等。

1.2.3.1　数控车床

数控车床主要用于各种轴类、套筒类及盘类零件上的回转表面，如内外圆柱面、圆锥面、成形回转表面和螺纹面等的加工。

按主轴的配置形式不同分为卧式数控车床和立式数控车床。按加工范围和功能不同分为普通型、普及型、多功能数控车床和车削中心。

A　普通型数控车床

普通型数控车床（见图 1-6）的功能比较简单，床身为水平结构，主轴变速机构为机械变挡配合变频电气调速，标配为四工位刀架、手动卡盘（选配液压卡盘），数控系统一般为 FANUC 0i Mate TC/TD 或国产系统。

B　普及型数控车床

普及型数控车床（见图 1-7）的功能较强。床身为水平或斜床身结构，主轴变速机构为机械自动换挡和电气无级调速，换刀装置为电动自动转塔（标配为 8 工位刀架）、液压卡盘，数控系统一般为 FANUC 0i TC/TD。

图 1-6　普通型数控车床

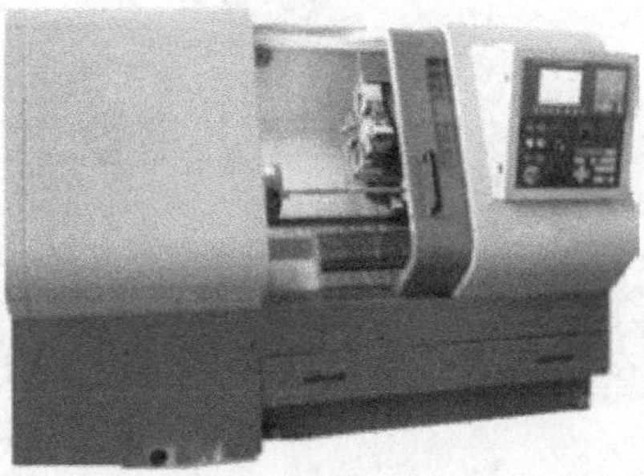

图 1-7　普及型数控车床

C　多功能数控车床

多功能数控车床（见图 1-8）的功能强，其主轴具有 C 轴控制功能。C 轴可以是驱动主轴的串行数字伺服主轴电动机，也可以是单独的伺服主轴电动机；自动换刀装置在电动转塔基础上配备了刀具的动力头功能，电动转塔动力头如图 1-9 所示，可完成车削、铣削、钻削加工；数控系统多为 FANUC 16i/18i 或 FANUC 0i TTC/TTD（双主轴双刀架）、SINUMERIK 840Ds1 档次；有的数控车床采用多轴控制（如 Y 轴、B 轴）。

图 1-8　多功能数控车床

图 1-9　电动转塔动力头

D　车削中心

车削中心是以多功能数控车床为主体，并配置刀库、分度装置、铣削动力头和机械手换刀装置等，实现多工艺复合加工的机床。

1.2.3.2　数控铣床

数控铣床适合各种箱体类和盘类零件的加工，主要对工件进行型面的铣削加工，还可进行钻、扩、铰、锪、镗以及螺纹加工。数控铣床分为立式、卧式、龙门式、五面体数控铣床，如图 1-10～图 1-14 所示。新型五面体动力头如图 1-15 所示。

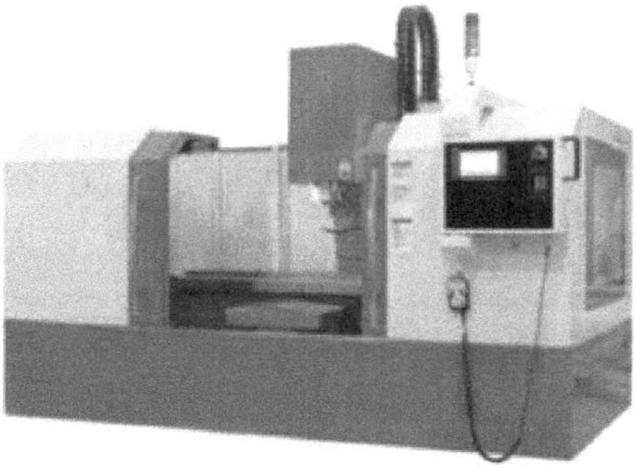

图 1-10　立式数控铣床

图 1-11　卧式数控铣床

图 1-12　动梁式龙门数控铣床

图 1-13　动台式龙门数控铣床

图 1-14　五面体龙门数控铣床

图 1-15　新型五面体动力头

1.2.3.3　数控加工中心

加工中心的主要功能是把铣削、镗削、钻削、攻螺纹、铣螺纹等功能集中在一台设备上，工件一次装夹后能完成较多的加工内容，加工精度高。加工中心分为立式、卧式和龙门式数控加工中心，如图 1-16~图 1-19 所示。

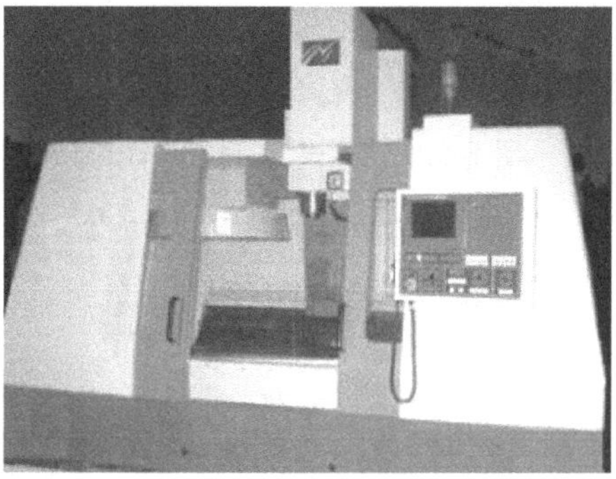

图 1-16　斗笠式立式加工中心

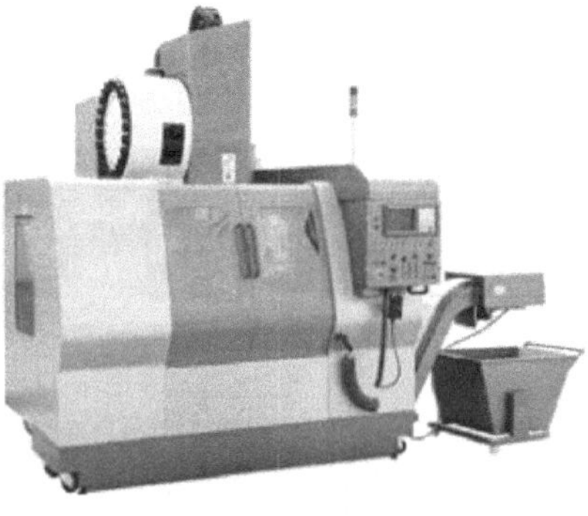

图 1-17　带凸轮机械手式立式加工中心

图 1-18　带机械手链式刀库的卧式加工中心

图 1-19　工作台回转的立式五轴加工中心

任务 1.3　数控机床系统的基本组成及工作过程

1.3.1　数控机床的工作过程

数控机床是按照事先编制好的加工程序对零件进行加工的高效自动化机床。因此，首先需要对零件图样的技术特征、几何形状、尺寸和工艺等加工要求进行系统分析，确定合理、正确的加工方案和加工路线，然后按照数控机床规定采用的代码和程序格式，根据加工要求编制出数控加工程序。数控加工程序可以记录在信息载体上，也可以通过某种方式输入数控机床，再由数控系统对数控加工程序进行译码和预处理，接着由插补器进行插补计算，计算并确定各线段起、终点之间一系列的中间点的坐标及各轴的运动方向、大小和速度，然后分别向各轴发出运动序列指令，完成零件的加工。图 1-20 所示为一般数控机床的工作原理。

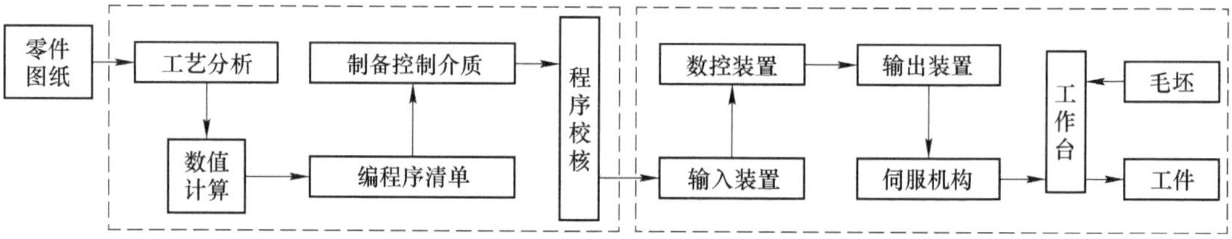

图 1-20　一般数控机床的工作原理

1.3.2　CNC 系统的概念及基本组成

1.3.2.1　CNC 系统的概念

计算机数控系统（简称 CNC 系统）是一种用计算机通过执行其存储器内的程序来实现部分或全部数控功能，并配有接口电路和伺服驱动装置的专用计算机系统。

1.3.2.2　CNC 系统的基本组成及功能

计算机数控系统由程序、输入/输出设备、计算机数字控制装置、可编程控制器（PLC）、主轴驱动装置和进给驱动装置等组成，如图 1-21 所示。

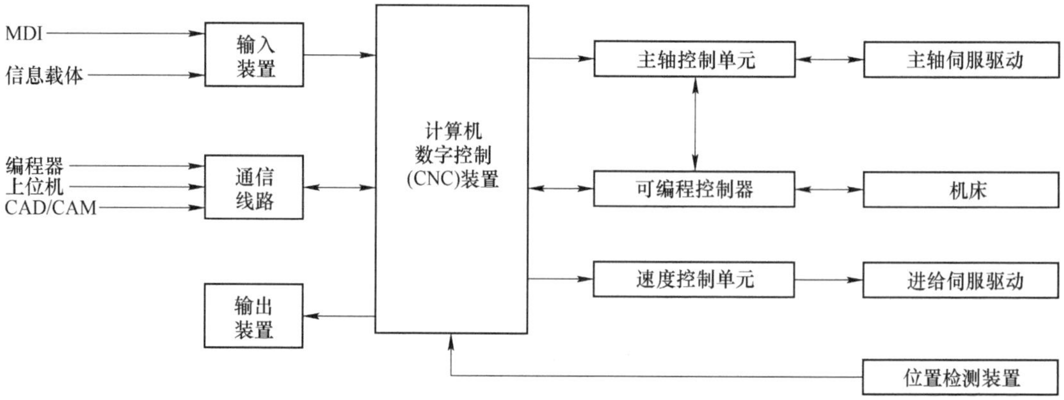

图 1-21　CNC 装置的基本组成框图

计算机数字控制装置（简称数控装置）的功能是正确识别和解释数控加工程序，并对解释结果进行各种数据计算和逻辑判断处理，完成各种输入、输出任务。

数控装置将数控加工程序按两类控制量分别输出：一类是连续控制量，送往驱动控制装置；另一类是离散的开关控制量，送往机床电气逻辑控制装置。数控装置输出的信号有各坐标轴的进给速度、进给方向和位移指令信号，主轴的变速、换向和启停信号，选择和交换刀具指令信号，控制冷却液、润滑油开关信号，工件和工作台夹紧、松开信号。数控系统通过控制机床各组成部分实现各种数控加工。

驱动控制装置位于数控装置和机床之间，包括进给伺服驱动装置和主轴驱动装置。进给伺服驱动装置由位置控制单元、速度控制单元、伺服电动机和测量反馈单元组成，它按照数控装置发出的位置控制指令和速度控制指令，正确驱动机床受控部件。主轴驱动装置主要由速度单元控制。

机床电器逻辑控制装置也位于数控装置和机床之间，接收数控装置发出的开关量信息，主要完成机床主轴选速、启停、方向控制功能，换刀功能，工件装夹功能，液压、气动、冷却、润滑系统控制功能及其他机床辅助功能。其形式是继电器控制线路或可编程逻辑控制器控制线路。

数控机床配有各种辅助装置，其作用是配合机床完成对零件的加工，如切削液或油液处理系统中的冷却或过滤装置、油液分离装置、吸尘吸雾装置、润滑装置及辅助主机实现传动和控制的液压气动装置等。此外，还有对刀仪、自动编程机、自动排屑器、物料储运与上下料装置、交流稳压电源。

1.3.2.3　CNC 装置的功能

A　译码

译码是把加工程序等信息翻译成计算机能够识别的数据形式。

B　数据处理

数据处理包括刀具补偿、速度计算以及辅助功能的处理等。

C　插补

插补是在一条曲线的已知起点和终点之间进行“数据点的密化工作”。

D　位置控制

位置控制是将插补计算出的理论位置与实际反馈位置相比较，用其差值去控制进给伺服电动机。

E　I/O 处理

I/O 处理是处理 CNC 装置与机床之间的强电信号输入、输出和控制。

F　显示

显示零件程序、参数、刀具位置和机床状态等。

G　诊断

诊断是检查一切不正常的程序、操作和其他错误状态。

1.3.3　CNC 装置的组成及其工作过程

CNC 装置是由软件和硬件组成的，软件在硬件的支持下工作，二者缺一不可。CNC 装置的硬件除具有一般计算机所具有的微处理器、存储器、输入/输出接口外，还具有数控机床所要求的专用接口和部件，即位置控制器、主轴控制器、纸带阅读机接口、MDI（手动数据输入）接口和显示器接口以及其他和 CNC 装置连接的外部设备接口。也就是说，CNC 装置是一种专用计算机。

数控系统的主要工作任务是进行刀具和工件之间相对运动的控制。图 1-22 初步描述了数控系统的主要工作过程。

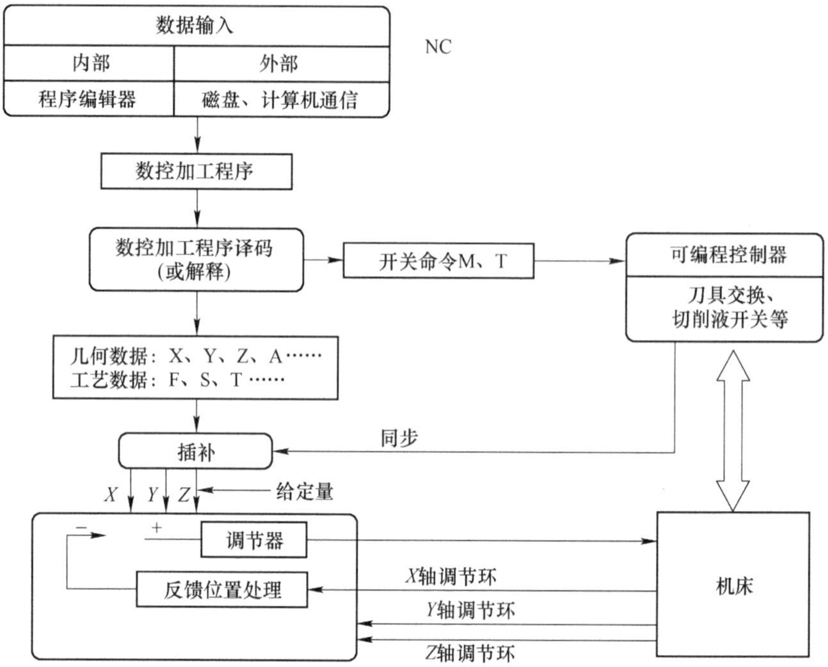

图 1-22　数控系统的主要工作过程

在接通电源后，数控装置和可编程控制器都将对数控系统各组成部分的工作状态进行检查和诊断，并设置初态。第一次使用的数控装置还需要进行机床参数设置。

当数控系统具备了正常的工作条件时，开始进行加工控制信息的输入。

工件在数控机床上的加工过程是由数控加工程序来实现的。按管理形式不同，编程工作可以在专门的编程场所进行，也可以在机床前进行。

输入给数控装置的加工程序必须适应实际的工件和刀具位置，因此，在加工前还要输入实际使用刀具的刀具参数及实际工件原点相对机床原点的位置。

加工控制信息输入后，可选择一种加工方式，然后启动系统。此时数控装置在系统控制程序的作用下，对输入的加工控制信息进行预处理、译码和预计算（刀补计算、坐标变换等）。

系统进行数控加工程序译码时，将其区分为几何数据、工艺数据和开关功能。

几何数据是刀具相对工件的运动路径数据，如有关 G 功能和坐标值等，利用这些数据可加工出要求的工件几何形状；工艺数据是主轴转速和进给速度等，即 F、S 功能和部分 G 功能；开关功能是对机床电器的开关命令，如主轴启停、刀具选择和交换、冷却液的开关、润滑油的开关等辅助 M 功能指令。

在编写数控加工程序时，一般不考虑刀具的实际几何数据，所以数控装置根据工件几何数据和在加工前输入的实际刀具参数，要进行相应的刀具补偿计算（刀补计算），即让刀架相关点相对实际刀具的切削点进行平移，具体的刀补计算有刀具长度补偿和刀具半径补偿。根据输入的实际工件原点和加工程序所采用的坐标系等几何信息，数控装置还要进行相应的坐标变换。

数控装置对加工控制信息预处理完毕后，开始逐段运行数控加工程序。

根据所要产生的运动轨迹，将各曲线的起点和终点及其连接方式等主要几何数据给出，数控装置中的插补器能根据已知的几何数据进行插补处理。

所谓插补一般是指将已知曲线上的某些数据，按照某种算法计算已知点之间的中间点的方法，又称为“数据密化”计算方法。

在数控系统中，插补具体指根据曲线段已知的几何数据以及相应工艺数据中的速度信息，计算出曲线段的起点和终点之间的一系列中间点，分别向各个坐标轴发出方向、大小和速度都确定的协调的运动序列命令，通过各个轴运动的合成，产生数控加工程序要求的工件轮廓的刀具运动轨迹。按不同的插补算法，有多种不同复杂程度的插补处理。一般按照插补结果，插补算法被分为脉冲增量插补法（插补结果是分配给各个轴的进给脉冲序列）和数字采样插补法（插补结果是分配给各个轴的插补数据序列）两大类。

由插补器向各个轴发出的运动系列命令为各个轴位置调节器的命令值，位置调节器将其与机床上位置检测元件测得的实际位置相比较，经调节后输出相应的位置和速度控制信号，控制各轴伺服系统驱动机床各个轴运动，使刀具相对工件正确运动，加工出要求的工件轮廓。

由数控装置发出的开关命令在系统程序的控制下，在各加工程序段插补处理开始前或完成后，适时输出给机床控制器。在机床控制器中，开关命令和反馈的信号被处理和转换为对机床开关设备的控制命令。现代数控系统中，多数机床控制器都被可编程逻辑控制器（PLC）取代，实现 PLC 控制。

在机床的运行过程中，数控系统要随时监视数控机床的工作状态，通过显示部件及时向操作者提供系统工作状态和工作情况。数控系统还要对机床操作面板进行监控，因为机床操作面板的开关状态可以影响加工的状态，须及时处理有关信号。

任务 1.4　数控机床维修的特点及主要故障

1.4.1　数控机床维修的内容和特点

1.4.1.1　数控机床维修的内容

数控机床维修的主要内容包括机械部件的维修，位置检测反馈装置的维修，伺服系统的维修，液压系统、电源及保护电路的维修，操作面板的维修，数控系统的维修等。

怎样才能维修好数控机床呢？第一，要有高度的责任心和攻坚克难的精神；第二，要有广博的专业技术知识；第三，要努力掌握数控技术。做到多看、多问、多记、多思、多练。逐步提高自己的技术水平和维修能力，以适应各种复杂的局面，解决困难的问题，做好数控机床故障诊断与维修工作。

多看：多看数控资料；多看电气图，消化电气图；多看液压气动图，深入消化；多看外文资料，提高自己专业外文的阅读能力。

多问：多问专家；发生故障后，要向操作者详细询问故障的全过程；要多问其他维修人员。

多记：记录有关的各种参数；记录液压气动的状态；记录发生的故障现象，以及排除的过程。

多思：开阔视野，知其所以然，考虑要领先一步。

多练：敢于动手，善于动手；培养自己的动手能力和掌握实验技能；学会使用有关仪器；进行“小改小革”。

1.4.1.2　数控机床故障诊断技术的特点

（1）集机械、电气、编程、操作及计算机控制技术于一体。

（2）电气故障诊断由硬件故障转变为以软件故障诊断为主。

（3）机床的调整与故障诊断通过计算机控制软件辅助控制。

（4）数控机床的有些控制通过计算机语言进行控制。

（5）现代数控机床的在线加工、调整及故障诊断通过以太网进行控制。

1.4.2　对数控机床维修人员的要求

1.4.2.1　熟练操作机床的能力

应熟练掌握数控机床的操作技能，熟悉编程工作，了解数控系统的基本工作原理与结构组成，这对判断是否因操作不当或编程不当造成的故障十分必要。

1.4.2.2　具备机床故障综合诊断的能力

数控机床集“机电液气”等于一体，各部分之间有密切联系，任何一部分发生故障均会影响机床的正常工作。如加工过程中出现随机偏差故障，首先要分析产生故障的原因，出现随机偏差的原因可能来自机械、电气、系统参数、辅助装置等方面；然后对实际机床进行测量及检测，诊断出故障发生在哪方面；最后判定故障的具体部位并修复。

1.4.2.3　通过系统文件的装载或调试来诊断系统故障的能力

系统出现故障时很难用传统的仪器仪表检测到故障发生的具体部位，故障可能是硬件本身，也可能是各种控制软件。可通过重新安装系统软件、系统软件的初始化、控制软件的优化等现场调试手段进行故障的诊断。系统开机出现死机故障时，首先要对闪存（FROM）/静态存储器（SRAM）进行格式化，然后重新装载系统文件和用户文件，如系统恢复正常，则故障为系统软件不良；若故障依旧，则为闪存（FROM）/静态存储器（SRAM）模块或系统主板故障。

1.4.2.4　具备计算机应用软件的操作能力

机床安装调试后，先要进行机床数据的备份。备份可采用计算机通信软件进行操作；机床出现故障时可通过 PLC 编程软件进行诊断；机床精度的检测和补偿一般采用激光干涉仪通过计算机软件进行操作实施；机床的综合调整通过伺服调整软件进行。这就要求维修人员必须掌握和正确使用各种工业控制软件。

1.4.2.5　掌握自动控制领域里的总线控制技术

现代数控机床的伺服控制和 PLC 控制都采用总线控制。比如 FANUC 数控系统的伺服采用 FANUC 系列伺服总线（FSSB），I/O 装置采用 I/O Link 总线控制。为了能够现场进行故障诊断，要求维修人员具备根据实际硬件的情况进行系统的设定、初始化操作及通过总线控制技术进行故障诊断和修复的能力。

1.4.2.6　掌握计算机网络控制技术

高档数控机床系统都具有网络控制功能，可实现数控机床的远程在线加工和远程在线诊断。这就要求维修人员具备网络通信协议的功能设定、检查、操作及故障的处理能力。

1.4.3　数控机床故障的类型

数控机床故障大体上分为机械故障和电气故障。

1.4.3.1　数控机床机械故障分类

A　功能型故障

功能型故障主要指工件加工精度方面的故障，表现为加工精度不稳定、加工误差大、运动方向误差大、工件表面粗糙。

B　动作型故障

动作型故障主要指机床各执行部件的动作故障，如主轴不转、液压变速不灵活、机械手动作故障、工件或刀具夹不紧或松不开、刀库转位定位不准确等。

C　结构型故障

结构型故障主要指主轴发热、主轴箱噪声大、切削时产生振动等。

D　使用型故障

使用型故障主要指因使用和操作不当引起的故障，如由过载引起的机件损坏、撞车等。

1.4.3.2　数控机床电气故障分类

（1）按故障发生的部位可分为硬件故障和软件故障。

硬件故障是指电子元器件、电线电缆、印制电路板、接插件等的不正常状态甚至损坏，这是需要修理甚至更换才可排除的故障。

软件故障一般是指 PLC 程序中产生的故障，需要输入或修改某些数据甚至修改 PLC 程序才可排除的故障。

（2）按故障出现时有无报警分为有诊断报警故障和无诊断报警故障。

当今的数控系统都设计有自诊断程序，结合故障指示灯，实时监控整个系统的软、硬件性能，一旦发现故障则会立即报警或者有文字说明在屏幕上显示出来，结合系统配备的诊断手册不仅可以找到故障发生的原因、部位，而且还有排除的方法提示。机床厂家也会针对具体机床设计相关的故障报警及诊断说明书。这两部分可以诊断报警的故障，再加上各电气装置上的各类报警指示灯，使得绝大多数电气故障的排除较为容易。

无诊断指示的故障排除比较困难。要依靠对产生故障前的工作过程和故障现象及后果，并依靠维修人员对机床的熟悉程度和技术水平加以分析、排除。以故障出现的或然性（概率），分为系统性故障和随机性故障；以故障有无破坏性，分为破坏性故障和非破坏性故障等。不管怎么样，任何一种故障的产生往往是多种类型的混合，这就要求维修人员具体问题具体分析，采取相应的分析、排除法，最终解决故障。

1.4.4　数控机床的主要故障

数控机床的主要故障是电气故障，频繁动作的大量机床控制电器、要求定位精确和环境良好的检测元件及其电路、大规模的数字集成电路及其元器件以及复杂的 I/O 电路等印制电路板、线路与元器件等硬件故障往往占有较高的故障率。据统计，其中低压电器故障率约占 30%。易受干扰的数字信号，往往与占故障率 5%的“不明原因”故障有关。监控程序、管理程序以及微程序等造成的软件故障约占故障率的 10%。

1.4.5　数控机床维护的基本知识

1.4.5.1　消除干扰是数控机床维护的重要内容

干扰是造成数控系统故障的原因之一。消除系统受干扰的方法如下。

A　正常连接系统地线

数控机床必须采用单点接地法，不能在机床的各部位就近接地。接地线的规格要符合机床说明书的要求，导线线径必须足够大。在需要屏蔽的场合必须采用屏蔽线，数控机床的接地方式如图 1-23 所示。

B　防止强电对弱电造成干扰

数控机床强电柜内的接触器、继电器等电磁部件都是常见的干扰源，交流接触器的频繁通断、交流电动机的频繁启停，主回路与控制回路的布线不合理，都可能使 CNC 的控制电路产生尖峰脉冲、浪涌电压等干扰，影响系统的正常工作。

为防止强电对弱电造成干扰可采取以下措施：在交流接触器线圈的两端、交流电动机的三相输出端上并联 *RC* 吸收器；在直流接触器或直流电磁阀的线圈两端加入续流二极管；在 CNC 的输入电源线间加入浪涌吸收器与滤波器；伺服电动机的三相电枢线采用屏蔽线。

C　抑制或减小供电线路上的干扰

对于电网电压波动较大的地区，应在输入电源上加装电子稳压器；避免数控机床和电火花设备、频繁启动/停止的大功率设备共用同一干线；安装数控机床时应尽可能远离中频炉、高频感应炉等变频设备。

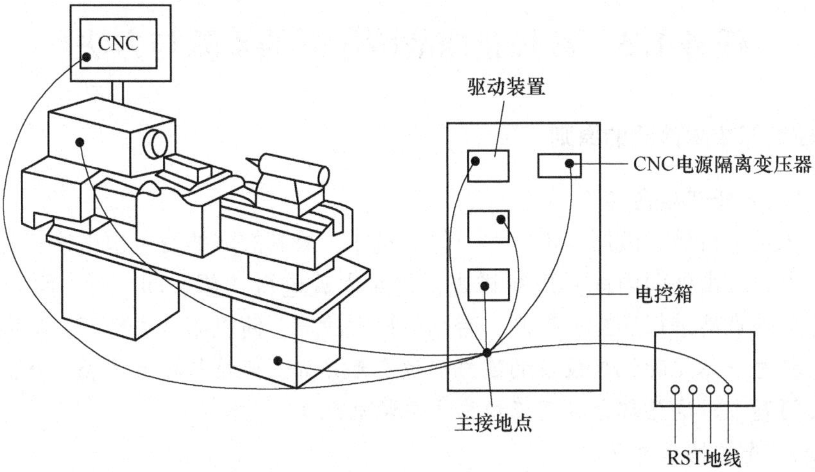

图 1-23　数控机床的接地方式

1.4.5.2　数控机床的常规检查

A　电气部分的检查

检查机床电器、CNC 电箱、接线质量、电磁阀、限位开关、操作面板上的按钮及开关、地线、电源相序、冷却风扇、润滑液压等处的油标指示、机床照明灯、各熔断器有无损坏，有无漏油，显示装置、面板按键（JOG、HND、MDI、回零、EDIT、自动）、信号电缆是否可靠合理接地，测量主轴实际转速，伺服电动机与主轴电动机，测量反馈元件及选刀试验等。

B　液压系统的检查

检查液压油质是否良好、油温是否正常、液压油压是否正常，每年应更换油过滤器装置，最好每隔几年更换液压油。检查液压电动机的运行是否正常、压力传感器是否正常。

C　气动系统的检查

气动系统的故障率相对较低，且故障现象容易辨别，主要表现为气压过低，原因主要是过滤器装置堵死、气压阀故障、接头或管路漏气等。

D　润滑部分的检查

应定期加油，以免系统自动润滑时缺油。

E　机床本体的检查

检查机床各个运动轴传动部分是否良好、滚珠丝杠的预紧是否合适、联轴器的各个锁紧螺钉是否松动、联轴器的缓冲垫是否损坏、同步齿形带是否松动或磨损、丝杠的螺距补偿是否合适、减速挡块是否松动或位置发生变化、齿轮间隙是否需要调整等。

任务1.5　数控机床故障诊断的步骤与方法

1.5.1　数控机床故障诊断的原则

1.5.1.1　先外部后内部

数控机床是集机械、液压、电气为一体的机床，故其故障的发生也由这三者综合反映出来。维修人员应由外向内逐一进行排查，先对表观进行“望、闻、听、问”后再及其内，尽量避免随意地进行启封、拆卸，否则会扩大故障，使机床丧失精度，降低性能。

注意：机电一体化的机床设备的连接部位有无异常、连接与接触是否良好，关系到信号是否丢失问题，对这些部分在现场观察中应特别注意。

1.5.1.2　先机械后电气

发生故障时，往往是机械与电气故障并存，先检查机械故障成因，因为有很大比例表现为电气故障而实际上是机械动作失灵引起的；而且机械故障较易发觉，而数控系统故障的诊断难度较大。在故障检修之前，首先排除机械方面的故障，往往可达到事半功倍的效果。

1.5.1.3　先静后动

不要盲目动手，要先调查。先在机床断电的静止状态下，通过了解、观察、测试、分析，确认为非破坏性故障后，方可给机床通电。在运行状态下，进行动态的观察、检验和测试，查找故障。而对破坏性故障，必须先排除危险后，方可通电。

1.5.1.4　先简单后复杂

当出现多种故障互相交织掩盖，一时无从下手时，应先解决容易的问题，后解决难度较大的问题。往往简单问题解决后，难度大的问题也可能变得容易了。

1.5.1.5　先软后硬

充分利用系统的自诊断，先检查软件或参数，这有利于故障类型的判别与大致定位。不少硬件故障可用软件的方法补救，省时省力，如修改状态参数的办法。

1.5.1.6　先公后专

先共性后个性，先查共有部位，如电源部分（主电源电路及其保护电路、接地情况）、PLC、液压、润滑、冷却等。

1.5.1.7　先一般后特殊

先查经常出现故障的部位，如进给轴回零不准，先查挡块位置。根据机床新旧、调试阶段与维修后情况不同，先查对应条件下的常见故障。

1.5.1.8　先查输入后查负载

从独立单元概念入手，先查有无输入，再查负载反馈效应，最后确定所怀疑的独立单元是否失效。

1.5.2　数控机床故障诊断与维修的基本步骤

1.5.2.1　故障记录

A　故障发生时的情况记录

（1）发生故障的机床型号、采用的数控系统型号和系统的软件版本号。

（2）故障的现象、发生故障的部位以及出现的现象。

（3）发生故障时机床所处的操作方式，如 AUTO（自动方式）、MDI（手动数据输入方式）、EDIT（编辑）、HANDLE（手轮方式）和 JOG（手动方式）等。

（4）若故障在自动方式下发生，则应记录发生故障时的加工程序号、出现故障的程序段号、加工时采用的刀具号等。

（5）若发生加工精度或轮廓误差过大等故障，应记录被加工工件号，并保留不合格工件。

（6）在发生故障时，若系统有报警显示，则记录系统的报警显示情况与报警号。通过诊断画面记录机床故障时所处的工作状态，如系统是否在执行 M、S、T 功能，系统是否进入暂停状态或是急停状态，系统坐标轴是否处于“互锁”状态，进给倍率是否为 0 等。

（7）各坐标轴的位置跟随误差的值。

（8）各坐标轴的移动速度、移动方向及主轴转速、转向等。

（9）故障发生的时间与周期，如机床是否一直存在故障，若为随机故障，则发生频率是多少，是否频繁发生。

（10）故障发生时的环境情况，如是否总是在用电高峰期发生，故障发生时数控机床旁边的其他机械设备工作是否正常。

（11）如果故障是在执行某固定程序段时出现，可利用 MDI 方式单独执行该程序段，检查是否还存在同样故障。

（12）若机床故障与机床动作有关，在可能的情况下，应检查在手动情况下执行该动作是否也有同样的故障。

B　故障时外界条件记录

（1）周围环境温度是否超过允许温度，是否有局部的高温存在。

（2）周围是否有强烈的振动源存在。

（3）系统是否受到阳光的直射。

（4）电气柜内是否有切削液、润滑油或水进入。

（5）输入电压是否超过了系统允许的波动范围。

（6）车间内或线路上是否有使用大电流的装置正在进行启动、制动。

（7）机床附近是否存在吊车、高频机械、电焊机或电加工机床等强电磁干扰源。

（8）附近是否正在安装、修理、调试机床，是否正在修理、调试电气和数控装置。

1.5.2.2　现场检查

A　机床的工作状况检查

（1）机床工作条件是否符合要求。

（2）加工时所使用的刀具是否符合要求，切削参数的选择是否合理、正确。

（3）自动换刀时，坐标轴是否到达了换刀位置，程序中是否设置了刀具偏移量。

（4）系统的设定参数是否正确，如刀具补偿量参数、坐标轴的间隙补偿量参数等。

（5）安装是否合理，测量手段、方法是否正确、合理。

B　机床运转情况检查

（1）在机床自动运转过程中是否改变或调整过操作方式，是否插入了手动操作。

（2）机床侧是否处于正常加工状态，工作台、夹具等是否处于正常工作位置。

（3）机床操作面板上的按钮、开关位置是否正确。

（4）机床各操作面板、数控系统上的“急停”按钮是否处于急停状态。

（5）电气柜体内的熔断器是否熔断，自动开关、断路器是否跳闸。

（6）机床操作面板上的方式选择开关位置是否正确，进给保持按钮是否被按下。

C　线路连接情况的检查

（1）检查电缆是否有破损，电缆拐弯处是否有破裂、损伤现象。

（2）电源线与信号线布置是否合理，电缆连接是否正确、可靠。

（3）机床电源进线是否可靠接地，接地线的规格是否符合要求。

（4）信号屏蔽线的接地是否正确，端子板上接线是否牢固可靠，系统接地线是否连接。

（5）继电器、电磁铁以及电动机等电磁部件是否装有噪声抑制器等。

（6）检查CNC伺服驱动、主轴驱动、电动机、输入/输出信号的连接是否正确、可靠。

（7）检查CNC伺服驱动等装置内的印制电路板是否安装牢固，接插部位是否松动。

（8）检查CNC伺服驱动、主轴驱动等部分的设定端、电位器的设定、调整是否正确。

D　CNC装置的外观检查

（1）是否在电气柜门打开的状态下运行数控系统，有无切削液或切削粉末进入柜内，空气过滤器清洁状态是否良好。

（2）电气柜内部的风扇、热交换器等部件的工作是否正常。

（3）电气柜内部系统，驱动器的模块、印制电路板是否有灰尘、金属粉末等污染。

（4）检查电气元件、机械部件是否有明显的损坏。

（5）电源单元的熔断器是否熔断。

（6）电缆连接器插头是否完全插入、拧紧。

（7）系统模块、线路板的数量是否齐全，模块、线路板的安装是否牢固、可靠。

（8）机床操作画板MDI/LCD单元上的按钮有无破损，位置是否正确。

1.5.2.3　故障诊断与综合分析

在具体操作中应注意以下事项。

（1）从整机上取出某块线路板时，应注意记录其相对应的位置、连接的电缆号，对于固定安装的线路板，还应按前后取下相应的压接零部件及螺钉的顺序作好记录。拆卸下的压件及螺钉应放在专门的盒内以免丢失，装配后，盒内的东西应全部用上，否则装配不完整。

（2）电烙铁应放在顺手的前方，远离维修线路板。烙铁头应做适当的修整，以适应集成电路的焊接，并避免焊接时碰伤别的元器件。

（3）测量线路间的阻值时，应切断电源，测阻值时应用红，黑表笔互换测量两次。以阻值大的为参考值。

（4）线路板上大多刷有焊膜，因此，测量时应找到相应的焊点作为测试点，不要铲除焊膜，有的板子全部刷有绝缘层，则只需在焊点处用刀片刮开绝缘层即可。

（5）不应随意切断印制电路。有的维修人员具有一定的家电维修经验，习惯断线检查，但数控设备上的线路板大多是双面金属孔板或多层孔板，印制电路细而密，一旦切断不易焊接，且切线时易切断相邻的线；再则有的点在切断某一根线时，并不能使其和线路脱离，需要同时切断几根线才行。

（6）不应随意拆换元器件。有的维修人员在没有确定故障元件的情况下只是凭感觉哪一个元件坏了，就立即拆换，这样误判率较高，被拆元件的人为损坏率也较高。

（7）拆卸元件时应使用吸锡器，切忌硬取。同一焊盘不应长时间加热以及重复拆卸，以免损坏焊盘。

（8）更换新器件，其引脚应作适当的处理，焊接中不应使用酸性焊油。

（9）记录线路上的开关、跳线位置，不应随意改变。进行两板以上的对照检查，或互换元器件时注意标记各板上的元件，以免错乱，致使好板也不能工作。

（10）查清线路板的电源配置及种类，根据检查的需要，可分别供电或全部供电。应注意高压，有的线路板直接接入高压或板内有高压发生器，需适当绝缘，操作时应特别注意。

1.5.2.4　故障排除

故障排除应注意几点。

（1）对拆卸的东西要有记录，以便将来恢复。如电位器的设定位置、设定端子的设定情况、短路棒的设定情况等。

（2）对替换的电路板或元器件要做好处理工作，有问题的要做好标识或销毁，避免将来再次使用而带来麻烦。

（3）不要带来新的故障。维修的每个环节都应仔细认真，不要轻易动手，以免带来新的故障。

（4）做好总结，培训维修人员，以提高类似故障的解决效率。

1.5.3　数控机床故障诊断方法

一般有感官检查法、机床动作检查法、状态分析法、编程检查法、仪器检查法、系统自诊断法、参数检测法、测量比较法、部件交换法、原理分析法、I/O 接口信号检查法、指示灯显示故障法、插拔法、敲击法、局部升温法、系统报警号故障诊断方法、动态梯形图诊断法、机床厂家报警号及报警信息、初始化复位法、备件置换法、短路故障排除法、功能参数封锁法以及使能信号短接法等。以下介绍其中的几种诊断方法。

1.5.3.1　感官检查法

（1）询问：向故障现场人员仔细询问故障产生的过程、故障现象及故障后果，机床开机时的异常，比较故障前后工件的精度、变化等。

（2）目视：总体查看机床各部分工作状态是否处于正常状态（如各坐标轴位置、主轴状态、刀库、机械手位置等），各电控装置（如数控系统、温控装置、润滑装置等）有无报警指示；局部查看有无保险烧毁，元器件烧焦、开裂，电线电缆脱落，以及各操作元件位置正确与否等。

（3）触摸：在整机断电条件下可以通过触摸各主要电路板的安装状况、各插头座的插接状况、各功率及信号导线的连接状况等发现可能出现故障的原因。

（4）听与嗅：听电源变压器、阻抗变换器与电抗器是否有因铁芯松动产生振动而发出“吱吱”声，继电器、接触器是否出现异常声响，伺服电动机、气控件、液控件是否有异常声响；是否嗅到一些烟气、焦煳气等异味。

1.5.3.2　系统自诊断法

利用系统内部自诊断程序或专用的诊断软件，对系统内部的关键硬件以及系统的控制软件进行自我诊断、测试的诊断方法，主要包括开机自诊断、在线监控与脱机测试。利用系统的自诊断功能，将系统与各部分之间的接口信号状态显示出来，找出故障的大致部位。它是故障诊断过程中最常用的方法之一。

1.5.3.3　参数检测法

机床参数是保证机床正常运行的前提条件，系统参数变化会直接影响到机床的性能，甚至使机床发生故障，导致整机不能正常工作。参数通常存放在系统存储器中，一旦电池不足或受到外界干扰，可能导致部分参数丢失或变化，使机床无法正常工作。通过核对、调整参数，有时可以迅速排除故障，特别是对于机床长期不用的情况，参数丢失的现象经常发生。检查和恢复机床参数是维修中行之有效的方法之一。

1.5.3.4　部件交换法

所谓部件交换法就是在故障范围大致确认，并在确认外部条件完全正确的情况下，利用同样的印制电路板、模块、集成电路芯片或元器件替换有疑点部分的方法。部件交换法是一种简单易行、可靠的方法，也是维修过程中最常用的故障判别方法之一。

必须注意的是：一定要在断电的情况下进行部件的更换。

在交换 CNC 装置的存储器板或 CPU 板时，通常还要对系统进行某些特定的操作，如存储器的初始化操作等，并重新设定各种参数，否则系统不能正常工作。

1.5.3.5　I/O 接口信号检查法

接口是信息的重要通道，通过 I/O 信号的状态诊断，确定故障部位和分析故障原因是维修时用得最多的方法之一。以 FANUC 系统为例，系统提供了系统与机床之间接口 I/O 信号状态，PLC 与 CNC 装置之间、PLC 与机床之间接口 I/O 信号状态的参数，也就是说，可以利用 LCD 画面的状态显示，来检查数控系统是否将信号输入到机床，或是机床侧各种开关通断触发的开关信号是否按要求正确输入到数控系统中。

1.5.3.6　系统动态梯形图信号跟踪的故障诊断法

针对加工中心 Z 轴不能移动的故障，查看系统动态梯形图（见图 1-24）发现，Z 轴互锁信号 G0130.2 未接通导致该轴不能移动，进行信号跟踪查到 X0003.2 信号未接通，根据机床电气图样查到 X0003.2 是机械手原位到位开关，实际故障是接近开关不良引起，更换接近开关后机床恢复正常。

1.5.3.7　初始化复位法

一般情况下，由于瞬时故障引起的系统报警，可用硬件复位或用开关系统电源的方法来清除故障。若系统工作存储区由于掉电、系统软件不良或电池欠压造成混乱，则必须对系统进行初始化清除，清除前应做好数据备份。若初始化后故障仍无法排除，则需进行硬件诊断。

系统数据初始化包括系统参数初始化、主轴参数初始化、伺服参数初始化。

系统参数初始化处理方法是清除系统 SRAM 的全部数据，系统上电的同时按下“RESET”和“DELET”两个键，然后把事先备份的机床数据回装。

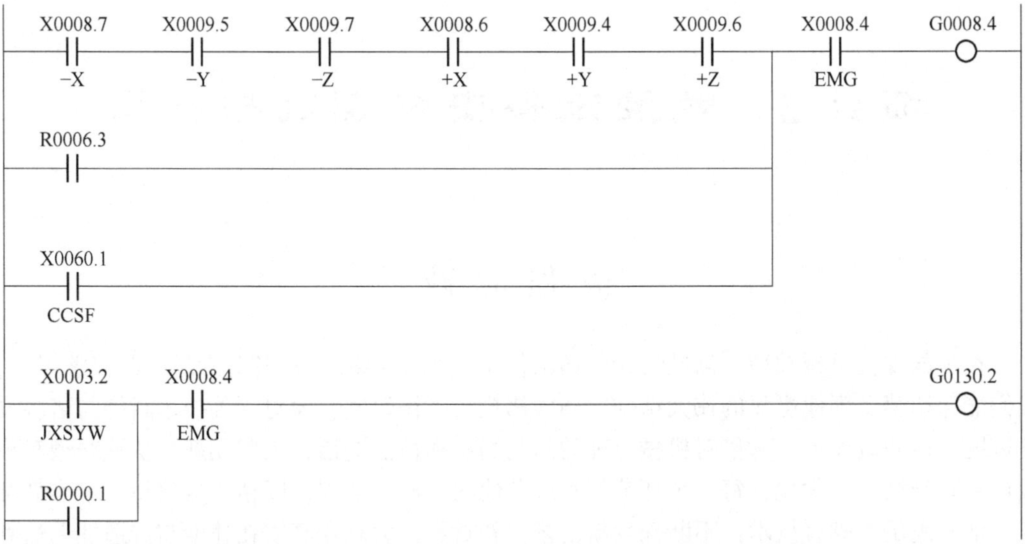

图 1-24 FANUC 0i MD 系统立式加工中心梯形图

主轴参数初始化处理方法是从主轴模块中把该电动机的参数恢复到出厂值。

伺服参数初始化处理方法是在伺服设定画面中，把伺服功能参数全部设定为“0”，然后系统断电再重新上电。

习 题

1-1 数控机床故障的含义是什么？

1-2 数控机床的基本组成及各部分功能是什么？

1-3 简述数控系统的工作过程。

1-4 数控机床维修的内容有哪些，数控机床对维修人员的要求有哪些？

1-5 数控机床故障诊断的原则和方法有哪些？

项目 2　数控设备安装调试与验收

课 程 思 政

在中国现代机械领域，高铁设计师杨国伟是大国工匠精神的杰出典范。课程学习中，我们能深切感受到他彰显的伟大精神。杨国伟投身高铁研发，面对国外技术封锁与诸多设计难题，他迎难而上，凭借对机械原理的深刻洞察和精湛造诣，大胆创新。从流线型车头设计到车身结构的优化，每一个环节都凝聚着他的心血，如同工匠精心雕琢每一个作品细节。他不满足于既有技术，不断探索新工艺、新材料，力求让高铁在速度与舒适性上达到极致，恰似大国工匠对卓越品质的执着追求。在团队协作方面，他充分发挥工匠精神的引领作用，培养众多优秀人才，使高铁研发团队成为一支充满活力与创造力的精锐之师。他的事迹激励着我们在机械学习与实践中，要以匠心对待每一堂课、每一次实验，用专注和创新打造属于自己的“精品”，传承大国工匠精神，助力中国机械行业迈向新的辉煌，为祖国科技进步贡献力量。

（来源于新崑山网）

知识目标

（1）了解数控机床故障诊断的意义。

（2）熟悉数控机床的组成与分类、数控机床系统的基本组成及工作过程。

（3）掌握数控机床维修的特点及主要故障、数控机床故障诊断的步骤与方法。

能力目标

懂得数控机床故障诊断具体操作时的注意事项。

任务 2.1　数控机床的安装与调试

数控机床整机装配

数控机床的调试是使机床恢复并达到出厂时各项性能指标的重要环节，安装是调试的一个基础内容。数控机床的安装与调试的优劣，直接影响到机床的性能。

2.1.1　数控机床的安装

数控机床的安装一般包括基础施工、机床拆箱、吊装就位、连接组装以及试车调试等工作。数控机床安装时应严格按产品说明书的要求进行。小型机床的安装可以整体进行，所以比较简单。大中型机床由于运输时被分解为几个部分，安装时需要重新组装和调整，因而工作复杂得多。现将机床的安装过程分别予以介绍。

2.1.1.1　基础施工及机床就位

机床安装前就应先按机床厂提供的机床基础图打好机床地基。机床的位置和地基对于机床精度的保持和安全稳定地运行具有重要意义，机床的位置应远离振源，避免阳光直接照射，放置在干燥的地方。若机床附近有振源，在地基四周必须设置防振沟。安装地脚螺栓的位置做出预留孔。机床拆箱后先取出随机技术文件和装箱单，按装箱单清点各包装箱内的零部件、附件等，检查资料是否齐全，然后仔细阅读机床安装说明书，并按说明书的要求进行安装。在地基上放置好用于调整机床水平的垫铁，同时把地脚螺栓按要求安放在预留孔内，再把机床的基础件（或小型整机）吊装就位在地基上。

2.1.1.2　机床连接组装

机床连接组装是指将各分散的机床部件重新组装成整机的过程。如主床身与加长床身的连接，立柱、数控柜和电气柜安装在床身上，刀库机械手安装在立柱上等。机床连接组装前，先清除连接面和导轨运动面上的防锈涂料，清洗各部件的外表面，再把清洗后的部件连接组装成整机。部件连接定位，要使用随机所带的定位销、定位块，使各部件恢复到拆卸前的位置状态，以利于进一步的精度调整。

部件安装后，按机床说明书中的电气接线图和液乐气动布管图及连接标记，把电缆、油管、气管对号连接好，并检查连接部位有无损坏和松动；特别要注意接触密封的可靠；对数控柜和电气柜要检查其内部插接件有无因运输造成的损坏、松动；检查各接线端子、连接器和印制电路板是否插入到位、连接到位及接触良好。仔细检查完成这些工作后，才能顺利试车。

2.1.1.3　机床试车调整

机床试车调整包括机床通电试运转和粗调机床的主要几何精度，机床安装就位后可通电试车运转，目的是考核机床安装是否稳固，各传动、操纵、控制、润滑、液压、气动等系统是否正常、灵敏可靠。

通电试车前，应按机床说明书要求给机床加注规定的润滑油液和油脂，清洗液压油箱和过滤器，加注规定标号的液压油，接通气动系统的输入气源。通电试车通常是在各部件分别通电试验后再进行全面通电试验，先应检查机床电源通电后有无报警故障，然后用手动方式陆续启动各部件。检查安全装置是否起作用，各部件能否正常工作，能否达到工作指标。例如，启动液压系统时要检查液压泵电动机转动方向是否正确，液压泵工作后管路中能否形成油压，各液压元器件是否正常工作，有无异常噪声，有无油路渗漏，以及液压系统冷却装置是否正常工作。数控系统通电后有无异常报警。系统急停、清除复位按钮能否起作用。检查机床各转动和移动部件是否正常等。

机床经通电初步运转后，调整床身水平，粗调机床主要几何精度，调整一些重新组装的主要运动部件与主机之间的相对位置。如机械手、刀库与主机换刀位置的校正，自动交换托盘与机床工作台交换位置的找正等。粗调整完成后，即可用快干水泥灌注主机和附件的地脚螺栓，灌平预留孔。等水泥干固后，就可以进行下一步的机床调试工作。

2.1.2　数控机床的调试

机床水平调整

2.1.2.1　机床精度调整

机床精度调整主要包括精调机床床身的水平和机床几何精度。机床地基固化后，利用地脚螺栓和调整垫铁精调机床床身的水平。对普通机床，水平仪读数精度不低于0.04 mm/1000 mm，对于高精度机床，水平仪读数精度不低于 0.02 mm/100 mm。移动床身上各移动部件（如立柱、床鞍和工作台等）。在各坐标全行程内观察记录机床水平的变化情况，并调整相应的机床几何精度，使之达到允许的误差范围。小型机床床身为一整体，刚性好，调整比较容易，大中型机床床身大多是多点垫铁支撑，为了不使床身在连接时产生扭曲变形，要求在床身自由状态下调整水平，各支撑垫铁全部起作用后，再压紧地脚螺栓，这样可保持床身精调后长期工作的稳定性，提高机床几何精度的保持性。一般机床出厂前都会经过精度检验，只要质量稳定，用户按上述要求调整后，机床就能达到出厂前的精度。

2.1.2.2　机床功能调试

机床功能调试是指机床试车调整后，检查和调试机床各项功能的过程。调试前，首先应检查机床的数控系统及可编程序控制器的设定参数是否与随机资料表中的数据一致。然后试验各主要操作功能、安全措施，运行行程及常用指令执行情况等。如手动操作方式（HAN-DLE）、点动方式（JOG）、编辑方式（EDIT）、数据输入方式（MDI）、自动运行方式（MEMORY）、行程的极限保护（软件和硬件保护）以及主轴挂挡指令和各级转速指令等是否正确无误。最后检查机床辅助功能及附件的工作是否正常，包括机床照明灯、冷却防护罩和各种护板是否齐全，切削液箱加满切削液后，试验喷管能否喷出切削液，在使用冷却防护罩时防护单是否外漏，排屑器能否正常工作，主轴箱、恒温箱是否起作用，以及选择刀具管理功能和接触式测头能否正常工作等。

对于带刀库的数控加工中心，还应调整机械手的位置。调整时，让机床自动运行到刀具交换位置，以手动操作方式调整装刀机械手和卸刀机械手对主轴的相对位置，调整后紧固调整螺钉和刀库地脚螺钉。然后装上几把刀柄，多次进行从刀库到主轴位置的自动交换，确保换刀动作正确、不撞击和不掉刀。

2.1.2.3　机床试运行

数控机床安装调试完毕后，要求整机在带一定负载条件下经过一段时间的自动运行，较全面地检查机床功能及工件可靠性。运行时间一般采用每天运行 8 h，连续运行 2~3 天，或者每天 24 h 连续运行 1~2 天，这个过程称为安装后的试运行。试运行中采用的程序叫拷机程序，可以直接采用机床厂调试时用的拷机程序，也可自编拷机程序。拷机程序中应包括：数控系统主要功能的使用（如各坐标方向的运动、直线插补和圆弧插补等），自动更换取用刀库中 2/3 的刀具，主轴的最高、最低及常用的转速，快速和常用的进给速度，工作台面的自动交换，主要 M 指令的使用及宏程序、测量程序等。试运行时，机床刀库上应插满刀柄，刀柄质量应接近规定质量，交换工作台面上应加上负载。在试运行中，除操作失误引起的故障外，不允许机床有故障出现，否则表示机床的安装、调试存在问题。

对于一些小型数控机床直接整体安装，只要调试好床身水平，检查几何精度合格后，经通电试车后就可投入运行。

任务 2.2　数控机床的验收

主轴相关精度检测

数控机床的验收，不仅是购买新机床时，机床安装调试完成后要经过的程序，也是机床故障排除后，用户与维修方必须履行的程序，以便再次故障时责任鉴定。根据《金属切削机床试验规范总则》的规定，试验项目包括可靠性、静刚度、空运转振动、热变形、抗振性切削、噪声、激振、定位精度、主轴回转精度、直线运动不均匀性及加工精度等。在进行机床验收时，各验收内容需按照机床出厂标准进行。

三轴垂直度

2.2.1　机床几何精度的验收

数控机床的几何精度综合反映了机床的关键零部件组装或维修后，是否达到或恢复了机床出厂（或故障）前的精度。数控机床的几何精度验收主要内容如下：

（1）工作台面的平面度；

（2）各坐标轴方向移动的相互垂直度；

（3）X 坐标方向移动时工作台面的平行度；

（4）Y 坐标方向移动时工作台面的平行度；

机床精度测试

（5）X 坐标方向移动时工作台 T 形槽侧面的平行度；

（6）Z 坐标方向移动时主轴箱在 Z 坐标方向的直线度；

（7）主轴的回转精度；

（8）主轴对工作台面的垂直度。

机床垂直度检测

关于主轴数控机床的几何精度项目，必须综合检查，使之都在允许的误差范围内。例如立式加工中心的主轴和主轴方向移动的垂直误差较大，则说明立柱与床身底部不垂直，需要进一步调整主柱底部的支承垫铁，使立柱适当前倾或后仰，以减少这项误差。但是，这种调整会改变主轴回转轴心线对工作台面的垂直度误差，因此必须同时检测和调整，否则就会由于前一项几何精度的调整造成其他项几何精度不合格。

机床几何精度的验收必须在地基及地脚螺栓的混凝土完全固化以后进行。由于地基稳定需要一定的时间过程，一般要求在机床使用数月到半年以后再精调一次水平。

检测机床几何精度常用的检测工具有精密水平仪、90°角尺、精密方箱、平尺、平行光管、千分表或测微仪以及高精度主轴心棒等。各项几何精度的检测方法按各机床验收说明书规定执行，或按行业标准执行。在验收检测中，要注意消除检测工具和检测方法的误差，同时应在通电后各移动坐标往复运动几次，主轴在中等转速回转几分钟后，机床稍有预热的状态下进行检测。

2.2.2　机床性能及数控功能的试验

2.2.2.1　机床定位精度的检查

定位精度和重复定位精度检测

数控机床的定位精度是表明机床各运动部件在数控装置控制下所能达到的运动精度。因此，根据实测的定位精度数值，可以判断出该机床以后在自动加工中所能达到的最好的加工精度。定位精度的主要检测内容如下：

（1）直线运动定位精度；
（2）直线运动重复定位精度；
（3）直线运动的原点返回精度；
（4）直线运动失动量；
（5）回转轴运动的定位精度；
（6）回转轴运动重复定位精度；
（7）回转轴原点返回精度；
（8）回转轴运动失动量。

切削精度检测

2.2.2.2　机床加工精度的检查

机床加工精度的检查是在切削加工条件下对机床几何精度和定位精度的综合检查。一般分为单项加工精度检查和加工综合性试件精度检查两种。加工中心的主要单项加工精度有镗孔精度、端面铣刀切削平面的精度、镗孔的孔距精度和孔径分散度、直线铣削精度、斜线铣削精度以及圆弧铣削精度等。

镗孔精度主要反映机床主轴的运动精度及低速进给时的平稳性。端面铣刀铣削平面的精度主要反映 X 轴和 Y 轴运动的平面度及主轴中心线对 $X-Y$ 运动平面的垂直度。孔距精度主要反映定位精度和失动量的影响。直线铣削精度主要反映机床 X 轴、Y 轴方向导轨的运动几何精度。斜线铣削精度主要反映 X 轴、Y 轴联动直线插补精度。

2.2.2.3　其他性能的试验

数控机床性能实验除上述定位精度、加工精度外，还有十几项内容。现以一台立式加工中心为例简要说明。

（1）主轴系统性能。用手动方式试验主轴动作的灵活性。用数据输入方式，使主轴从低速到高速旋转，检验各级转速，同时观察机床的振动和主轴的升温。试验主轴准停装置的可靠性。

（2）进给系统性能。分别对各坐标轴进行手动操作，试验正反方向不同进给速度和快速移动的开、停、点动的平稳性和可靠性。用数据输入方式测定点定位和直线插补下的各种进给速度。

（3）自动换刀系统性能。检查自动换刀系统性能的可靠性、灵活性，测定自动交换刀具的时间。

（4）数控装置及数控功能。检查数控柜的各种指示灯，检查各输入输出装置、操作面板、电控柜冷却风扇及数控柜的密封性，各种动作和功能是否正常可靠。按机床说明书，用手动或编程的方法。检查数控系统主要的使用功能，如定位、直线插补、圆弧插补、暂停、自动加减速、坐标选择、刀具补偿、固定循环、超程停止、程序结束、单段程序、程序暂停、进给保持、紧急停止、螺距误差补偿以及间隙补偿等功能的准确及可靠性。

（5）安全装置。检查对操作者的安全性和机床保护功能的可靠性，如安全防护罩，机床各运动坐标行程极限保护自动停止功能，各种电流电压过载保护和主轴电动机过热、过负荷时的紧急停止功能等。

（6）机床噪声。机床运转时的总噪声不得超过标准规定（80 dB）。数控机床大量采用电气调速，主轴箱的齿轮往往不是噪声源，而主轴电动机的冷却风扇和液压系统液压泵的噪声等，可能成为噪声源。

(7) 电气装置。在运转前后分别做一次绝缘检查，检查地线质量，确认绝缘的可靠性。

(8) 润滑装置。检查定时定量润滑装置的可靠性，检查润滑油路有无渗漏，以及各润滑点的油量分配功能的可靠性。

(9) 气、液装置及附属装置。检查压缩空气和液压油路的密封、调压功能，油箱正常工作的情况，检查机床各附件的工作可靠性。

(10) 连续无载荷运转。在不安装工件的情况下，用事先编制好的、涉及功能内容比较齐全的程序使机床连续运行 8~16 h，检查机床各项运动，动作的平稳性和可靠性，在运行中不允许出故障，对整个机床进行综合检查考核。达不到要求时，应重新开始运行考核，不允许累积运行时间。

习　题

2-1　数控机床对工作环境有哪些要求？

2-2　试举例说明数控机床安装调试的重要性。

2-3　数控车床几何精度的验收具体项目有哪些？

2-4　数控机床的定位精度测试包括哪些内容？

2-5　如何理解定位精度对加工精度的影响？

数控机床的调平
和精度检测

项目3 FANUC 0i 数控系统故障诊断与维修

课 程 思 政

胡双钱，航空领域大国工匠。在国产大飞机制造中，他坚守钳工岗位，专注飞机零件手工加工。为完成某型号飞机起落架大型锻件精密加工，他凭多年积累的精湛技艺和丰富经验，手工打磨出合格零件，精度远超机器加工水平，误差极小。他对工作一丝不苟，即便一个小细节，也会反复琢磨、精心雕琢。在高温闷热车间，他一干就是数小时，汗水湿透工装却毫无怨言。胡双钱以匠心独运、精益求精，诠释着大国工匠精神。他将简单钳工技艺做到极致，用实际行动证明，即使是平凡岗位，只要热爱且专注，秉持工匠精神，就能为我国航空事业发展贡献非凡力量，让中国制造在世界舞台闪耀光芒，激励更多技术工人追求卓越。

（来源于央视新闻网）

知识目标

（1）了解数控系统中各种易损件更换的必要性及方法；了解机床数据分类及存储特点，明确数据备份的必要性；认识数控机床系统的各基本单元，了解数控系统接口的功能及各部件之间的连接要求。

（2）熟悉数控机床数据传输过程中的常见故障及诊断；熟悉数控机床系统参数设置及数控系统常见故障处理。

（3）掌握数据传输参数的设置和操作；掌握 FANUC 0i C/0i D/0i Mate C/0i Mate D 数控系统的组成，掌握数控系统与主轴驱动装置、进给伺服驱动装置、外围设备之间的功能连接。

能力目标

（1）能够正确完成系统各种电池、冷却风扇、熔丝等易损件的更换。

（2）能够正确完成数控系统与各功能模块之间的硬件连接。

（3）正确地利用存储卡或计算机及通信电缆、网络、U 盘进行数据的传输（备份与恢复），并能解决数据传输过程中的常见故障。

（4）能够正确地设置系统参数。

（5）能够诊断常见系统故障。

任务 3.1 数控系统的常规维护

3.1.1 系统硬件更换方法

3.1.1.1 机床数据分类与存储

数控系统的数据文件主要分为系统文件、机床制造厂文件和用户文件三类。系统文件是 FANUC 公司提供的数控系统（CNC）和伺服控制软件；机床制造厂文件包括 PMC 程序、机床厂编制的宏程序执行器等；用户文件是通过 MDI 面板设定的各种不同机床数据，包括 CNC 参数、PMC 参数、用户宏变量值、螺距误差补偿、刀具补偿和加工程序等。

在数控系统内部，通过不同的存储空间存放不同的数据文件。只读存储器 FROM 用于存储系统文件和机床制造厂文件。静态随机读写存储器 SRAM 用于存储用户数据（机床数据），该存储器在系统断电后，需由数据备份电池提供数据保护。系统电路板上有用于短时间保存 SRAM 芯片中数据的储能电容，当更换电池时，储能电容可保证摘下电池的瞬间（FANUC 公司限定不超过 30 min）芯片中的数据不丢失。

3.1.1.2 数控系统常用电池及作用

数控系统常用电池及作用见表 3-1。

表 3-1 数控系统常用电池及作用

带电池的部件	作　用
CNC 单元	CNC 控制单元存储器中的数据备份
分离型检测器接口单元	保存分离型绝对脉冲编码器的当前位置
伺服放大器	保存伺服电动机内装绝对脉冲编码器的当前位置

A CNC 控制单元存储器电池

当数控机床不工作时是依靠控制单元上的数据备份电池保存用户数据的，备份电池可将存储器中的数据保持 1 年。当电池电压不足时，LCD 画面上将显示“BAT”报警信息，同时电池报警信息被传输给 PMC。显示该报警时，应尽快更换电池，通常应在 1 周内更换，如不及时更换，存储器中的数据将会丢失。如果电池电压很低，存储器不能再备份数据，如果接通控制单元电源，因存储器中数据已丢失，会引起 910 系统报警（SRAM 奇偶报警），在这种情况下，更换电池后需全部清除存储器内容，重新装入数据。存储器备份电池标准为 3 V 锂电池，电池规格号为：A02B-0200-K102。

切记：更换存储器备份电池时控制单元电源必须接通，如果在控制单元电源关断时拆下电池，会造成存储器中数据丢失。

B 分离型绝对位置编码器及伺服电动机内装绝对脉冲编码器电池

进给伺服系统的位置检测装置按类型不同分为绝对式位置检测装置和增量式位置检测装置，按连接形式不同分为伺服电动机内装编码器的位置检测装置和分离型位置检测装置。当数控机床装备有绝对脉冲编码器、绝对光栅尺等绝对位置检测装置时，除安装存储器备份电池外，还要加装绝对编码器用的电池。

分离型绝对位置脉冲编码器的一个电池单元（6 V）可以使 6 个绝对脉冲编码器的当

前位置值保持 1 年。当电池电压降低时，在 LCD 显示器上就会出现 APC 报警 306-308，如果电池电压降低太多，脉冲编码器的当前位置就可能丢失，此时接通控制器的电源，会出现 APC 报警 300（请求返回参考点）。出现 APC 报警时，要尽快换电池，更换电池后，应立即进行返回参考点操作。FANUC 建议不管有无 APC 报警，每年更换一次电池。分离型绝对脉冲编码器的电池一般采用 4 节碱性干电池。

伺服电动机内装绝对脉冲编码器的电池（6 V）放置在伺服放大器内，该电池是锂电池 A06B-6073-K001。

3.1.1.3　印制电路板的 LED 状态显示

FANUC 0i C 系统主板上有监控系统启动和运行状态的指示灯，系统启动时显示动态启动过程。一旦出现系统报警，就显示系统报警状态，能粗略地提示系统硬件故障部位。图 3-1 所示为布置在 CNC 单元背面的 8 个指示灯，其中 4 个为红色报警指示灯，4 个为绿色工作状态指示灯。主板上 4 个绿色工作状态指示灯的不同组合反映了 CNC 当前的工作状态，FANUC 0i C 系统电源接通时绿色 LED 显示的变化过程见表 3-2。系统有硬件故障发生时，红色 LED 点亮，FANUC 0i C 系统硬件故障时红色 LED 报警显示见表 3-3。

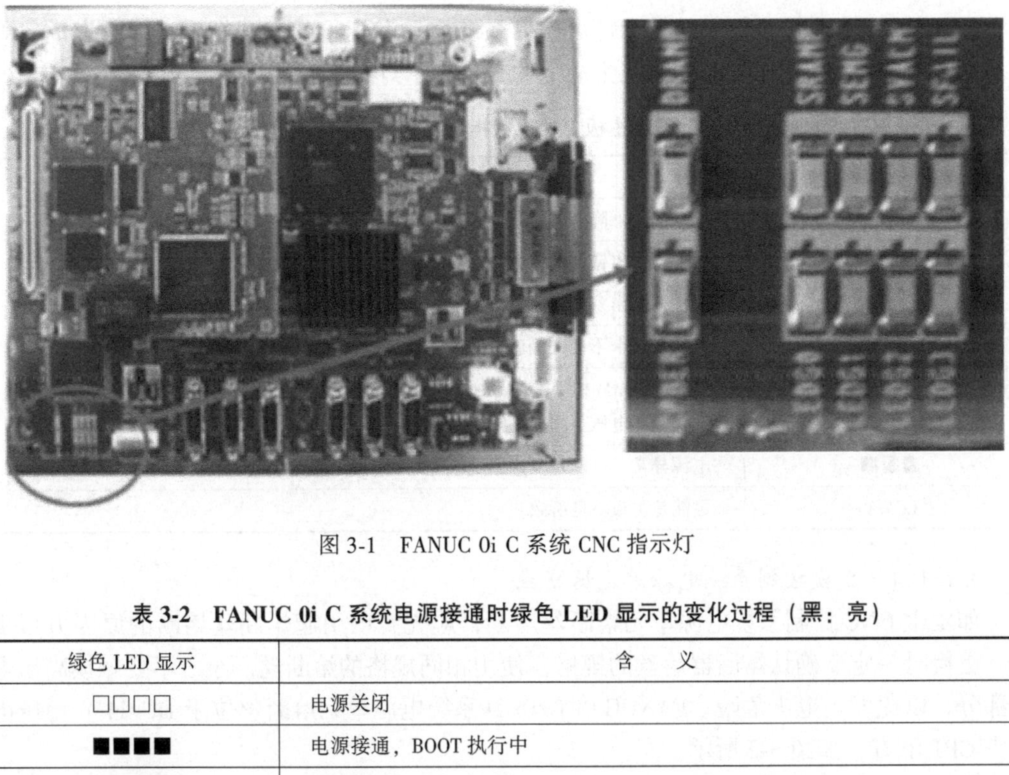

图 3-1　FANUC 0i C 系统 CNC 指示灯

表 3-2　FANUC 0i C 系统电源接通时绿色 LED 显示的变化过程（黑：亮）

绿色 LED 显示	含　义
□□□□	电源关闭
■■■■	电源接通，BOOT 执行中
□■■■	CNC 启动中
■□■■	CPU 配置（ID 设定）中
□□■■	CPU 配置完成，进行 CNC 网络总线初始化
■■□■	CNC 总线初始化完成
□■□■	PMC 初始化完成

续表 3-2

绿色 LED 显示	含　义
■□□■	CNC 硬件配置完成
□□□■	PMC 用户程序初始化完成
□■■□	伺服与串行初始化
■■■□	伺服与串行主轴初始化完成
■□□□	全部初始化完成，CNC 已经进入正常工作状态

表 3-3　FANUC 0i C 系统硬件故障时红色 LED 报警显示

红色 LED 报警	含　义
SV LAM	伺服报警
SEMG	CNC 内部硬件故障
SFAIL	CNC 内部软件故障，引导系统 BOOT 出错
SRAMP	RAM 校验出错

FANUC 0i D 系统主板上的指示灯可监控系统启动和运行状态，发生系统报警时报警指示灯显示红色，FANUC 0i D 系统主板上的报警指示灯点亮时的故障含义见表 3-4。

表 3-4　FANUC 0i D 系统主板上的报警指示灯点亮时的故障含义（黑：亮）

红色 LED 显示	含　义
□■□	电池电压下降，可能是因为电池电量已尽
■■□	软件检测出错误而使得系统停止运行
□□■	硬件检测出系统内故障
■□■	可能是轴卡不良、伺服放大器不良、FSSB 断线等原因所致
□■■	FROM/SRAM 模块上的 SRAM 中的数据检测出错误。可能是 FROM/SRAM 模块不良、电池电压下降、主板不良所致
■■■	电源异常。可能是噪声影响或电源单元不良所致
LOWV	可能是主板不良所致

3.1.1.4　更换控制系统电源单元熔断丝

如发生 CNC 控制系统电源单元熔断丝熔断，应先查明引起熔断丝熔断的原因方可更换。更换时一定要确认熔断器熔丝的规格，使用相同规格的熔断丝。小心不要触摸高压电路部分，以免发生电击危险。FANUC 0i C/0i D 系统电源单元熔断丝位于 DC 24 V 稳压电源头 CP1 下方，如图 3-2 所示。

3.1.1.5　电池更换方法

A　CNC 存储器备份电池的更换

FANUC 0i D 系统存储器备份电池安装位置如图 3-3 所示，电池更换步骤如下：

(1) 准备好 3 V 锂电池（电池规格 A02B-0200-K102）；

(2) 接通机床电源 30 s 以上；

(3) 拔下电池连线插头，然后从电池盒取出旧电池；

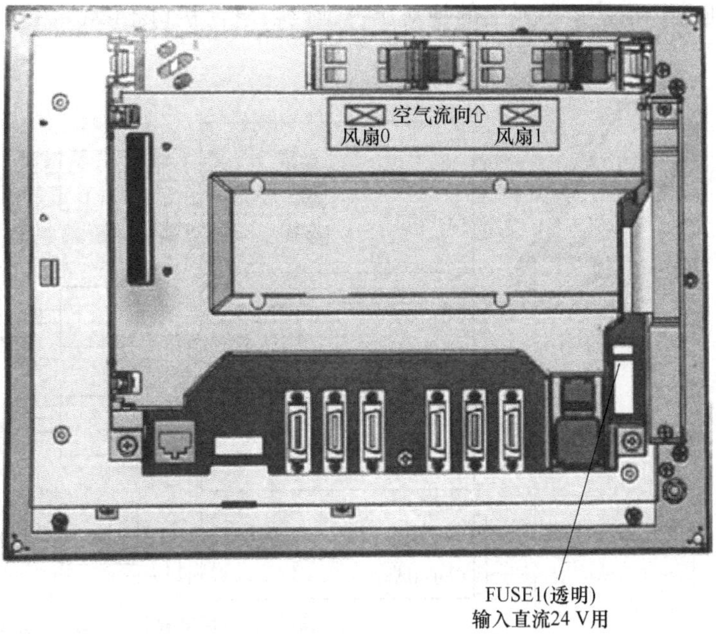

图 3-2　控制单元熔断丝的位置

(4) 装入新电池，重新插好插头。

注意：必须在 10 min 内完成，否则存储器内数据有可能丢失。

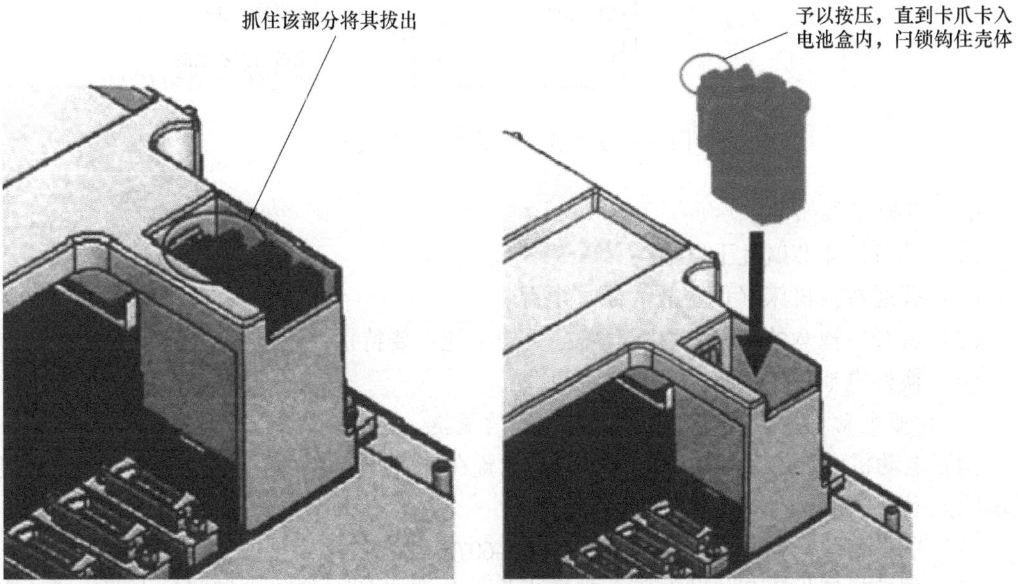

图 3-3　更换系统电池

B　分离型绝对脉冲编码器电池的更换

分离式位置检测装置（光栅尺）采用独立的分离型检测器接口单元（位置模块），通过光缆连接到上一级伺服放大器模块或作为第一级连接到 CNC 控制单元。分离型绝对脉冲编码器的电池盒经由接口单元上的绝对脉冲编码器电池接口 JA4A 与接口单元相连接，如图 3-4 所示。

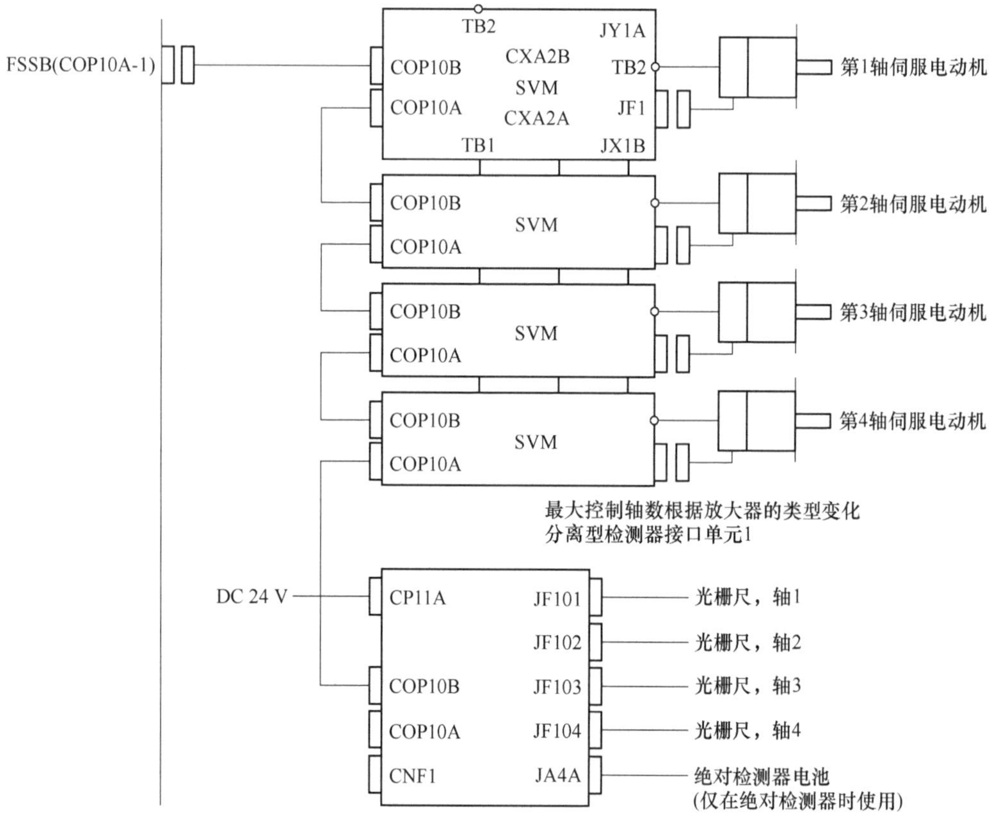

图 3-4　分离型绝对脉冲编码器电池

电池更换步骤如下：

(1) 准备好 4 节碱性干电池；

(2) 接通数控机床（伺服放大器）电源；

(3) 松开电池盒的螺钉，取下盒盖，更换电池，要特别注意电池的极性；

(4) 换好电池后，盖好盖，关掉电源。

C　伺服电动机内装绝对脉冲编码器电池的更换

伺服电动机内装绝对脉冲编码器的电池放置在伺服放大器内，如图 3-5 所示。电池更换步骤如下：

(1) 准备好 6 V 锂电池（电池规格 A06B-6073-K001）；

(2) 数控机床处于急停状态下，接通电源，注意必须在机床（伺服放大器）通电状态下更换电池，否则记录的绝对位置会丢失；

(3) 移出电池盒，取下电池插头，更换电池，然后重新接好插头；

(4) 装回电池盒，关断机床电源。

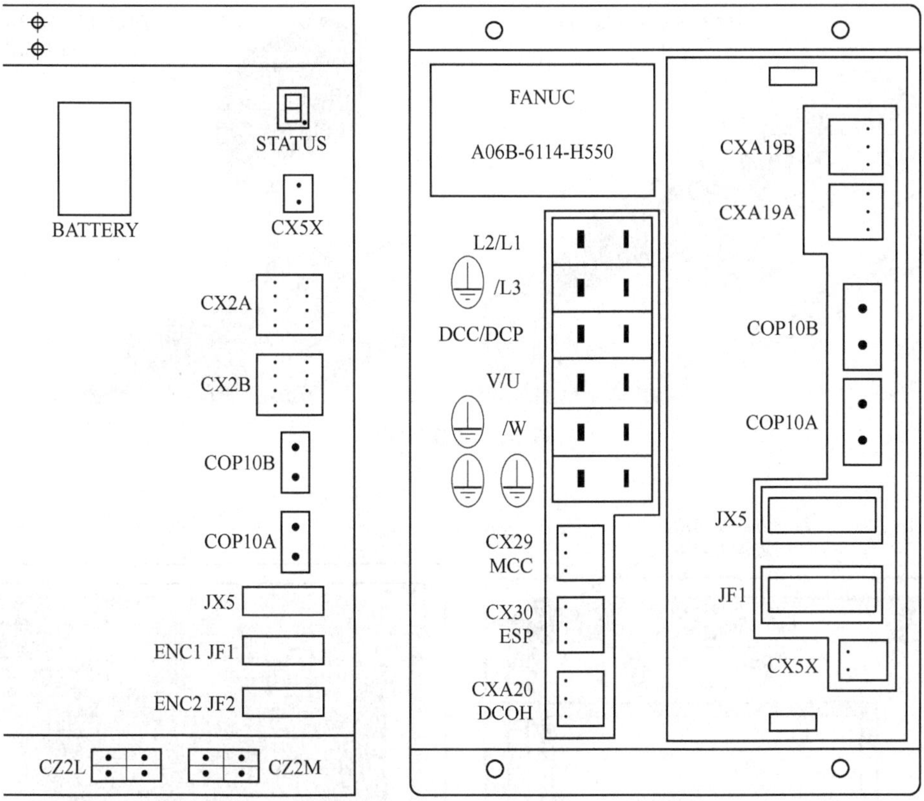

(a)　　(b)

图 3-5　伺服电动机内装绝对脉冲编码器电池

（a）αi 系列伺服模块；（b）βi 系列伺服单元

3.1.1.6　更换控制单元冷却风扇

风扇单元装配在框架上部的风扇盒中。更换风扇的步骤如下：

（1）关断 CNC 电源；

（2）拔下风扇单元插头，插头带有锁扣，在拔下插头时需用一字螺丝刀按住插头下部的锁扣；

（3）移除风扇单元；

（4）更换新风扇单元，注意安装时标签面朝上，以使风扇的风是从下面向上面吹，稍加用力将新风扇单元推进风扇盒，当听到咔的一声即可；

（5）重新插好风扇单元插头，如图 3-6 所示。

3.1.1.7　更换控制系统主板

更换控制系统主板前要对 SRAM 存储器的内容（参数、程序等）进行备份，因为在更换过程中，有可能丢失 SRAM 存储器中保存的数据，并注意不要触到高压电路，如图 3-7 所示。换主板步骤如下。

（1）拧下固定壳体的两个螺钉。主板上连接有电缆时，拆除电缆后进行作业。

（2）一边拆除闩锁在壳体上部两侧基座金属板上的卡爪，一边拉出壳体，可以在壳体上安装着后面板、风扇、电池的状态下拔出。

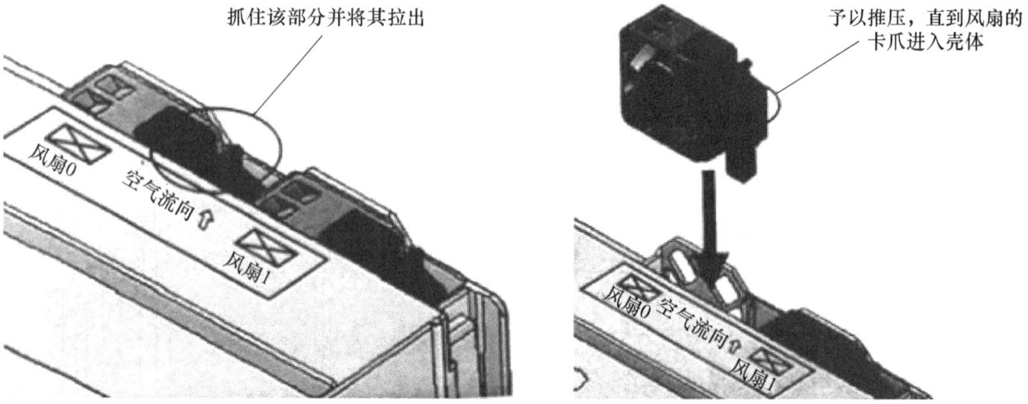

图 3-6　更换风扇

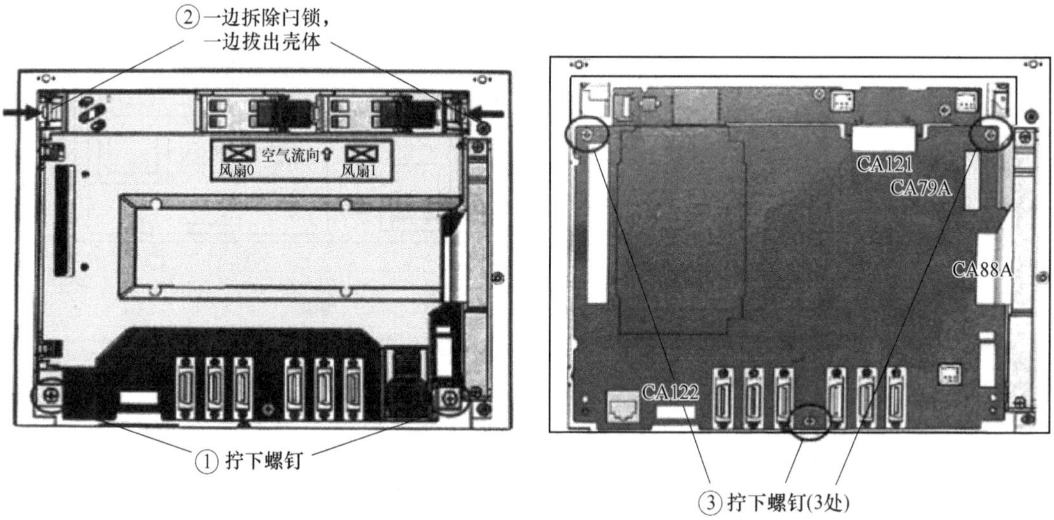

图 3-7　更换主板

(3) 将电缆从主板上的连接器、CA88A（PCMCIA 卡接口连接器）、CA79A（视频信号接口连接器）、CA122（用于软键的连接器）上拔下，拧下固定主板的螺钉。主板与逆变器 PCB 通过连接器 CA121 直接连接，以向下错开主板的方式拆下主板。

(4) 更换主板。

(5) 对准壳体的螺钉以及闩锁的位置，慢慢地嵌入。通过安装壳体，壳体上所附带的印制电路板可与主板和连接器相互接合。一边确认连接器的接合状态，一边以不施加过猛外力为原则按压盖板。

(6) 确认壳体的闩锁挂住以后，拧紧壳体的螺钉。轻轻按压风扇和电池，确认已经接合。若拆除了主板的电缆，则应重新装设电缆。

3.1.2　数控系统数据的备份与恢复

为更好地使用和维护数控机床，有必要掌握几种数控机床数据传输方法。FANUC 0i

系统的数控机床常用的数据包括系统参数、PMC 参数、加工程序、刀具的偏置数据及 G54～G59 工件坐标系坐标值、宏程序变量数据、反向间隙补偿和螺距误差补偿数值等。

3.1.2.1　RS-232 数据传输

RS-232 串行通信是指通信的发送方和接收方之间数据信息的传输是在单根数据线上完成的，每次以一个二进制的 0、1 为最小单位进行传输。为实现串行通信并保证数据的正确传输，要求通信双方遵守某种约定的规程。目前在数控系统中最简单、最常用的规程是异步通信控制规程，或称异步通信协议，其特点是通信双方以一帧作为数据传输单位。每帧从起始位开始，后跟数据位（位长度可选）、奇偶校验位（奇偶校验可选），最后以停止位结束。起始位表示一个字符的开始，接收方可用起始位使自己的接收时钟与数据同步，起始位为低电平有效。停止位表示一个字符的结束，通常停止位为 1 位或 2 位。这种由起始位开始、停止位结束所构成的一串信息称为帧。在传送一个字符时，由一位低电平的起始位开始，接着传送数据位。传输数据时，按低位在前、高位在后的顺序传送，最后传送的是高电平的停止位。停止位到下一个字符的起始位之间的空闲位要由电平 1 来填充（只要不发送下一个字符，线路就始终位于空闲位）。数据位是指通信的发送方和接收方之间数据信息的传输位，通常为 7 位或 8 位。奇偶校验位用来检验数据的正确性，奇偶校验位为 1 位。FANUC 数控系统的异步串行通信数据格式为：1 位起始位、7 位数据位、1 位奇偶校验位、2 位停止位，如图 3-8 所示。

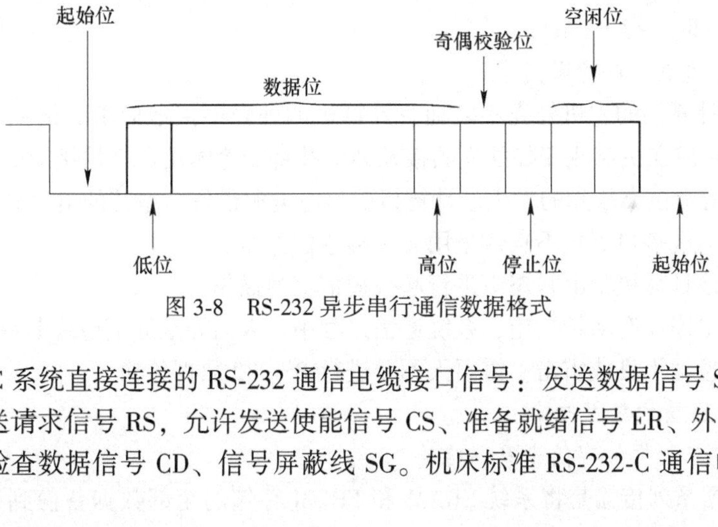

图 3-8　RS-232 异步串行通信数据格式

与 FANUC 系统直接连接的 RS-232 通信电缆接口信号：发送数据信号 SD，接收数据信号 RD，发送请求信号 RS，允许发送使能信号 CS、准备就绪信号 ER、外部数据设备就绪信号 DR、检查数据信号 CD、信号屏蔽线 SG。机床标准 RS-232-C 通信电缆连接图如图 3-9 所示。

A　RS-232 数据传输操作

要想正确传送数控机床的数据和程序，必须设定数控系统的参数和传输软件的参数，两者通信参数必须一致。FANUC 0i 系统的数控机床系统侧接 JD36A，采用 RS-232 异步串行通信时，系统 I/O 通道设定为：0、1。设为 0 时，停止位参数 101.0 设为 1，输入/输出设备参数 102 设为 0，传输波特率参数 103 设为 11。系统在编辑状态，数据输入时参数写保护打开。

CNC 参数的输出：SYSTEM→参数+操作→右扩展键→PUNCH→NONO+执行。

螺距误差补偿参数的输出：SYSTEM+右扩展键→间距+操作+PUNCH+执行。

加工程序的输出：PROG+操作+右扩展键→输入程序号+PUNCH+执行。如果要输出

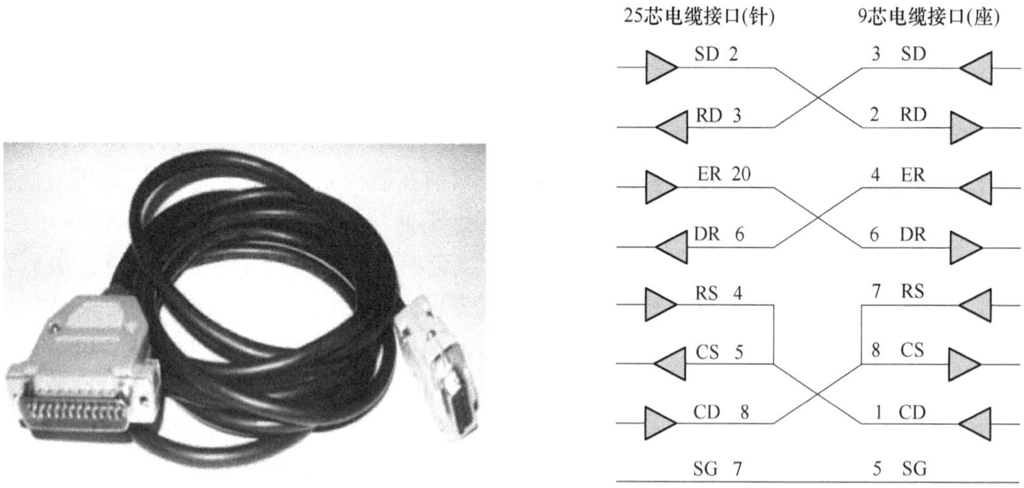

图 3-9 机床标准 RS-232-C 通信电缆连接图

09 以上的程序，参数 3202.4 由 1 设为 0。

PMC 参数的输出：SYSTEM→PMC+右扩展键→I/O→WRITE→PARAM+执行。以上操作，在数据输入时选择 READ。

B 烧系统通信接口的原因分析

（1）台式计算机的主机外壳不接地。计算机的外壳不接地而引起的漏电流会导致烧通信接口，实际应在机床侧安装独立的接地体，并将接地体用良好的接地线与计算机的外壳连接，就可避免该类故障的发生。计算机的供电电源最好与系统的电源分开。

（2）通信电缆接口焊接不良或采用非标准通信电缆。

（3）系统或计算机带电状态下进行起拔通信电缆操作。

（4）通信电缆没有防护措施，系统通信过程中，人为导致通信电缆断线或短路。

（5）厂房接地不良或雷击。雷雨天不要进行 RS-232 数据传输。

3.1.2.2 *存储卡数据传输*

A 数控机床数据的存储卡系列传输

存储卡数据系列传输是将系统 SRAM 和 FROM 存储的全部数据备份到存储卡或将存储卡的数据回装到系统 SRAM 和 FROM 中；存储卡系列备份数据的格式为机器码且为压缩包形式，不能在计算机上打开进行查阅和编辑；特别适用于系统死机状态下的数据备份或回装，以及系统全清后的系统数据恢复。

（1）FANUC 0i C 系统数控机床数据的存储卡系列传输操作。

SRAM 数据系列备份操作：断电条件下插入 Memory Card 卡或 CF 卡；系统上电的同时按下右面两个操作软键，进入系统 Boot 引导画面，选择功能第 5 项“5. SRAM DATA BACKUP”，并按“SELECT”，再选择下级菜单的功能第 1 项“1. SRAM BACKUP（CNC→MEMORY CARD）”，按“SELECT”→“YES”，系统将 SRAM 的数据文件存储到存储卡，当系统显示 SRAM 数据备份完成后，按“SELECT”。再依次按“DOWN”→“END”→

“SELECT”，返回系统引导画面的主菜单，退出系统引导画面并启动系统，完成系列备份。

SRAM 数据系列回装时选择功能项 5 后，选择功能第 2 项“2. RESTORE SRAM (MEMORY CARD+CNC)”。

PMC 程序的备份和回装操作：进行 PMC 程序的备份时，选择系统引导画面主菜单的功能项“6. SYSTEM DATA SAVE”，选择该项目下的“PMC-RA”或“PMC-SB”进行文件的备份即可。进行 PMC 程序的回装时，选择系统引导画面主菜单的功能项“3. SYSTEM DATA LOADING”，选择存储文件回装即可，如图 3-10~图 3-13 所示。

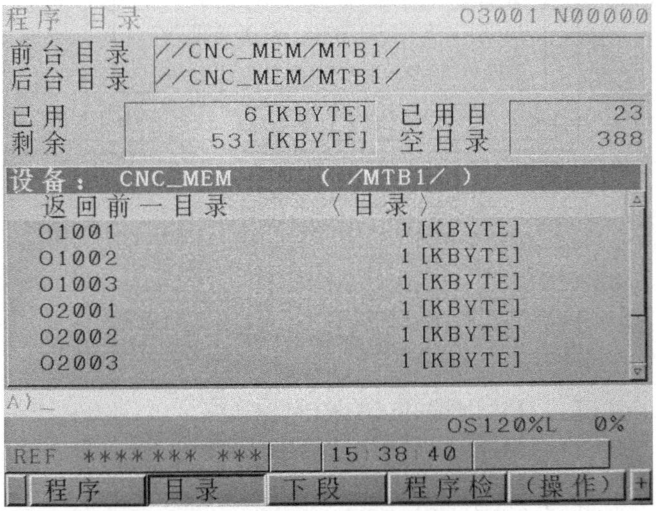

图 3-10　插入存储卡

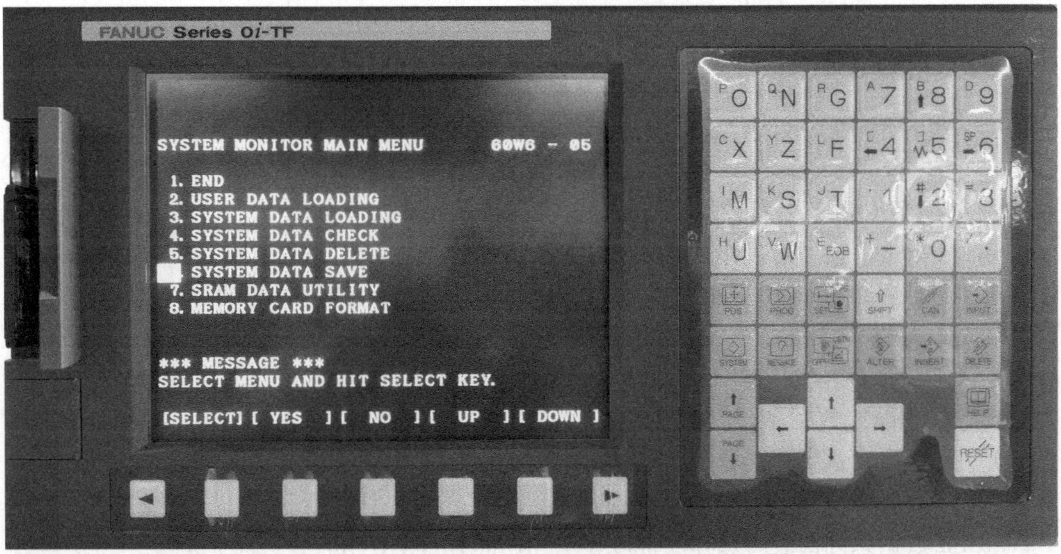

图 3-11　进入系统引导画面

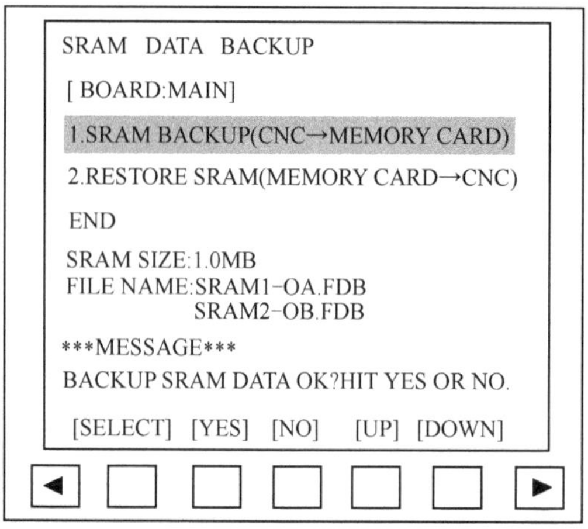

图 3-12　SRAM 数据备份主菜单

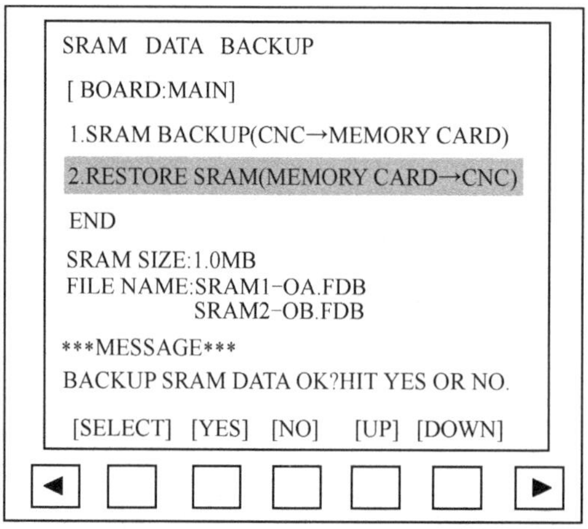

图 3-13　SRAM 数据回装主菜单

（2）FANUC 0i D 系统数控机床数据的存储卡系列传输操作。

SRAM 数据系列备份操作：断电条件下插入 CF 卡；系统上电的同时按下右面两个操作软键，进入系统 Boot 引导页面主菜单，如图 3-14 所示，选择功能项“7. SRAM DATA UTILITY”，并按“SELECT”，再选择下一级菜单的功能第 1 项“1. SRAM BACKUP（CNC→MEMORY CARD）”，按“SELECT”→“YES”，系统将 SRAM 的数据文件存储到存储卡，当系统显示 SRAM 数据备份完成后，按“SELECT”。再依次按“DOWN”→“END”→“SELECT”，返回系统引导画面的主菜单，退出系统引导画面并启动系统，完成系列备份。

SRAM 数据系列回装时选择功能项“7. SRAM DATA UTILITY”后，选择下一级菜单的功能第 2 项“2. SRAM RESTORE（MEMORY CARD-→ CNC）”按“SELECT”→“YES”，如图 3-15 所示。

```
SYSTEM MONITOR MAIN MENU
1.END
2.USER DATA LOADING
3.SYSTEM DATA LOADING
4.SYSTEM DATA CHECK
5.SYSTEM DATA DELETE
6.SYSTEM DATA SAVE
7.SRAM DATA UTILITY
8.MEMORY CARD FORMAT

***MESSAGE***
SELECT MENU AND HIT SELECT KEY.

[SELECT]  [YES]  [NO]  [UP]  [DOWN]
```

图 3-14　引导页面主菜单

```
SYSTEM DATA UTILITY

1.SRAM BACKUP(CNC→MEMORY CARD)
2.SRAM RESTORE(MEMORY CARD→CNC)
3.END

SRAM+ATA PROG FILE(4B)

SRAM_BAK.001

***MESSAGE***
SET MEMORY CARD NO.001
ARE YOU SURE?HIT YES OR NO.
[SELECT]  [YES]  [NO]  [UP]  [DOWN]
```

图 3-15　SRAM DATA UTILITY 子菜单

PMC 程序的备份与回装操作：进行 PMC 程序的备份时，选择系统引导画面主菜单的功能项“6. SYSTEM DATA SAVE”，把光标移到需要存储的文件名上（“PMC-RA”或“PMC-SB”类型），按“SELECT”→“YES”→“SELECT”，进行文件的备份即可。进行 PMC 程序的回装时，选择系统引导画面主菜单的功能项“3. SYSTEM DATA LOADING”，选择存储文件回装即可。

FANUC 0i D 系统可实现数据的自动备份。备份原始数据：将出厂时或者机床调整后的状态作为原始数据进行保存。要使用这一功能，需要将保存备份数据的次数（PRM10342）预先设为 2 以上的数值。原始数据保存在备份数据 1 区域，电源开启时自动备份数据不对这一数据进行改写。此时需设定的参数有 PRM10340 和 PRM10341。

系统 SRAM 数据系列备份和系列回装操作中的注意事项。

1）机床安装调整后需要进行机床的数据备份，以便机床的维修。

2）最好是在机床参考点处进行数据的备份和回装，尤其是采用绝对编码器无挡块返回参考点控制的机床，否则将会出现绝对位置丢失的报警。

3）对有刀库的加工中心来说，数据回装后将会出现乱刀现象，所以数据回装后还要修改刀库数据表。

（3）存储卡系列传输过程中的常见故障及实际处理方法。

1）系统存储卡操作无效或报警。须进行存储卡格式化操作，卡的格式为 . FAT。如果格式化后还是无效，则更换存储卡。

2）存储卡操作中系统发出 SRAM 文件错误（奇偶错误）。故障现象是系统可以正常运行，但进行存储卡系列数据传输时，系统显示“SRAM PARITY OCCURRED，PLEASE POW-ER OFF”。首先进行计算机数据的备份（通过 RS-232），然后进行系统 SRAM 数据全清操作，再通过计算机回装系统备份的数据，最后进行数据的存储卡系列传输操作。

3）系统进不去系统引导画面。故障原因为系统主板或主 CPU 不良，需更换主板或主 CPU。

B　数控机床数据的存储卡分区传输

存储卡分区数据传输是把系统工作区 SRAM 和 RAM 存储的数据分别备份到存储卡或将存储卡的数据回装到系统工作区 SRAM 和 RAM 中，存储卡分区备份数据可以在计算机上进行查阅、编辑和修改。

（1）系统 PMC 程序和 PMC 参数的存储卡分区传输操作：MDI 方式下，系统 I/O 通道设定为 4；EDIT 方式下，进行备份、回装。SYSTEM→PMC+右扩展键→I/O，选择相应的功能项→EXEC，如图 3-16 和图 3-17 所示。

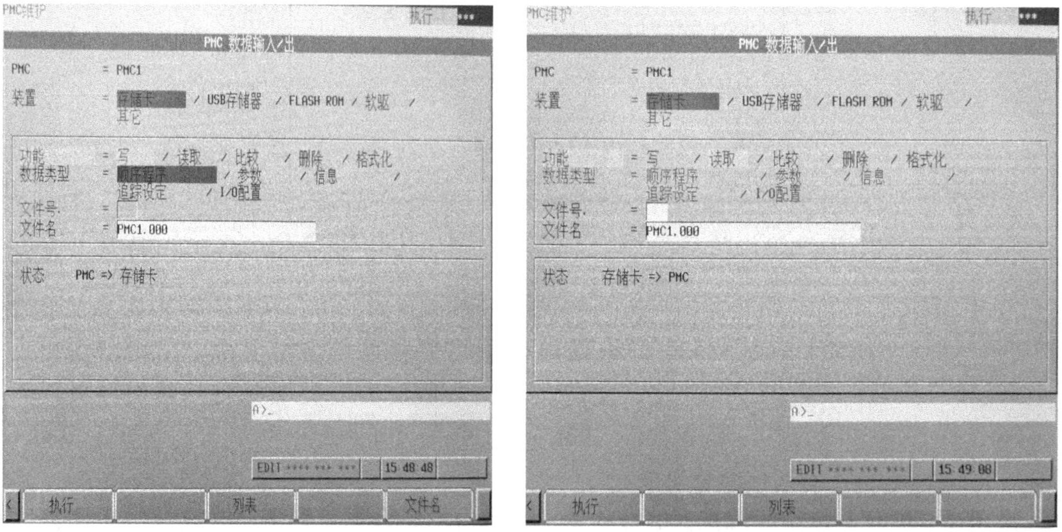

图 3-16　系统 PMC 程序分区备份与回装

DEVICE（驱动）：选择 M-CARD 为存储卡分区数据传输操作。

FUNCTION（功能）：选择 WRITE（CNC 到 M-CARD）为备份操作，选择 READ（M-CARD 到 CNC）为回装操作。

DATA KIND（数据类型）：选择 LADDER 为系统 PMC 程序，选择 PARAM 为系统 PMC 参数。

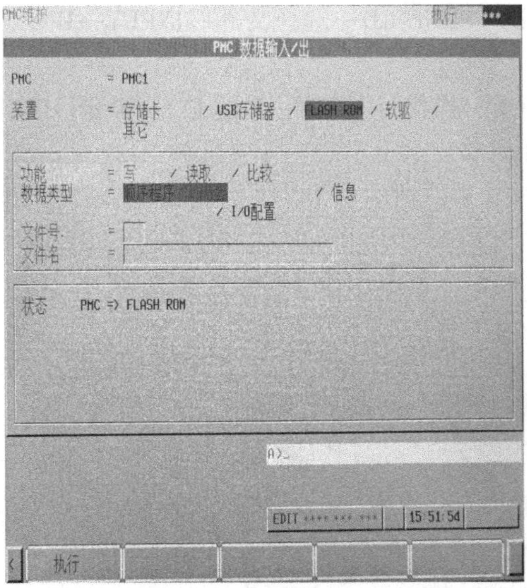

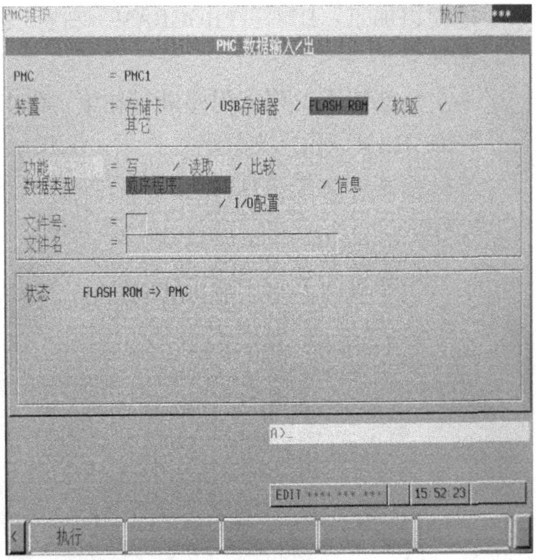

图 3-17　系统 PMC 参数分区备份与回装

FILE NO.（文件名）：PMC 程序文件名为@ PMC-SB.000（系统默认名称），PMC 参数文件名为@ PMC-SB.PRM（系统默认名称），也可自定义名称@ ××（××为自定义名称）。

系统 PMC 程序和参数的分区数据传输操作中的注意事项。

1）PMC 程序回装数据是存储在系统的工作区 RAM 而不是 FROM 中，所以需要设定系统 PMC 参数，才能存储到 FROM 中，否则系统开机后不是分区回装的 PMC 程序。

系统 A 包配置（系统 PMC 类型为 SB7）的 PMC 参数为 K902.0，系统 B 包配置（系统 PMC 类型为 SA1）的 PMC 参数为 K19.0。将该参数设定为“1”，回装后退出画面时出现是否存储 FROM 菜单，按“YES”键即可。

2）当进行系统 PMC 参数备份时，出现写保护报警提示，需要停止 PMC 运行（即 PMC 为 STOP 状态）。

3）PMC 参数回装时需要将系统写保护参数设定为“1”。

实际操作时，可直接把 K902.0 或 K19.0 设为“1”，参数写保护打开，回装后退出画面时按“YES”键。

（2）系统 CNC 参数的存储卡分区传输操作：EDIT 状态，SYSTEM+参数→操作+右扩展键→PUNCH-非零+执行，完成备份。回装时选择“READ”。

（3）系统螺距误差补偿参数的存储卡分区传输操作：EDIT 状态，参数写保护打开，SYSTEM→右扩展键→间距→操作→PUNCH→执行，完成备份。回装时选择“READ”。

（4）系统加工程序的存储卡分区传输操作：EDIT 状态，PROG→DIR-→操作→程序号→PUNCH→执行，完成备份。回装时选择“READ”。

C　数控机床存储卡加工程序的在线加工

（1）存储卡加工程序的在线加工操作。

将 I/O 通道设定为 4，系统参数 138#7 设定为“1”（存储卡在线加工有效）。

边读边加工：DNC→PROGRAM→右扩展两次-→DNC-CD→选择文件→INPUT→DNC-ST→循环启动。

一次全部读入，再调程序进行加工：EDIT→卡→操作→F 读取→F 设定、0 设定-→执行；PROGRAM→输入文件名→搜索+AUTO+循环启动。

选择存储卡文件及自动加工文件如图 3-18 和图 3-19 所示。

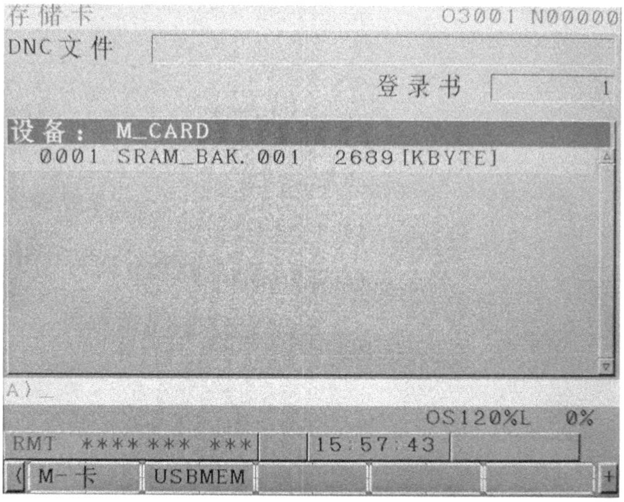

图 3-18　选择存储卡文件

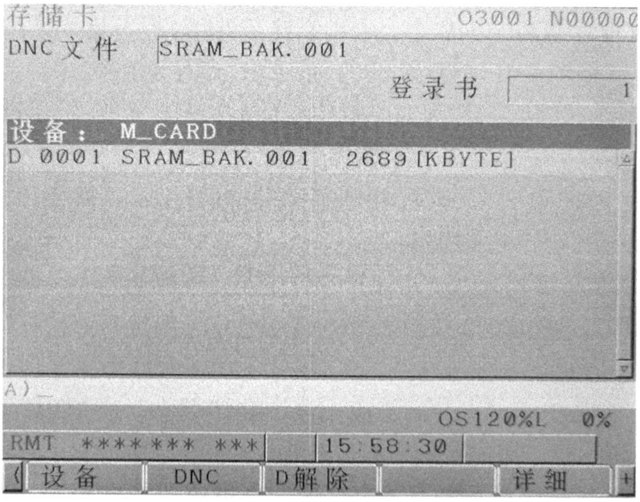

图 3-19　选择自动加工文件

（2）存储卡加工程序在线加工过程中的常见故障及实际处理方法。

1）系统存储卡操作无效或报警。须进行存储卡格式化操作，卡的格式为 .FAT。如果格式化后还是无效，则更换存储卡。

2）系统没有显示存储卡在线加工操作界面。检查系统参数设定是否正确，系统通道设定为“4”，系统参数 138#7 设定为“1”。

3）系统不执行在线加工或出现报警。故障原因为系统存储卡接口电路故障或主板不良。

3.1.2.3 CAXA 网络数据传输

首先保证车间内无线交换机状态正常（电源及网线连接），如果机床通信不正常，在机床上电的前提下，将机床上无线接入点的网线拔下来，重新安装一下。

串口传输的机床上有三个文件供机床与服务器自动传输操作，三个文件的内容分别为：

取程序：Q2××××. ×V

注：Q2 与 V 之间为要从服务器上取的文件名称，如服务器上文件有后缀，则在机床上编程此文件时要加上。

取程序列表：Q3 V

注：此命令为取服务器上此机床对应的文件夹下的程序列表名称。

存程序：Q4××××. ×V

注：此命令中 Q4 与 V 之间是机床存到服务器上的文件名称，可以加后缀。

除取程序列表外，另两个文件在每次操作前均需要再次编辑，将要取或要存到服务器的程序名称进行编辑修改。

（1）先开网络、电脑，启动网络传输工具。插加密锁，启动 CAXA 网络加密管理工作，加密启动-+127. 0. 0. 1→选择绿色对号。启动 CAXA-DNC-MS，双击 CAXA-DNC-MS 加密。通信客户端为 CAXA-DNC，密码为 admin。

（2）再打开机床。将机床 I/O 通道设为 0。

（3）编制一个数控加工程序。建议用自动编程生成程序。把刚编好的程序拖入对应机床下，如 D：\ dne \ VMC850e-2，选择“自动”。

（4）在机床上完成网络传输操作。

取程序列表。0003；-+Q3 V→PUNCH→执行；EDIT→0××××→READ→执行。取程序。注意：在计算机上的文件名，不要以 0、Q、V 开头。00002；→Q2 1234. CNC V→PUNCH→新建文件 0××××→READ-+执行。1234. CNC 为计算机上的文件名。存程序。00004；→Q4××××. CNC V-+PUNCH-→EXEC→0××××→PUNCH→执行。(0××××为想在计算机里保存的文件名)

3.1.2.4 U 盘数据传输

U 盘备份：插入 U 盘，1I/O 通道设为 17，编辑状态，SYSTEM-+写-+CNC 参数(PMC 参数)→备份到 U 盘。U 盘数据回装时选择“读”。备份和回装加工程序时，V/O 通道设为 0。

3.1.2.5 LADDER 软件传输

存储卡备份过来的梯形图不能直接打开，可通过 LADDER-Ⅲ软件实现系统 PMC 程序和 PMC 参数的备份、编辑及恢复。

（1）PMC 程序存储卡格式转换成 LADDER-Ⅱ格式。启动 LADDER-Ⅲ软件，新建一个类型与备份的 M-CARD 格式的 PMC 程序类型相同的空文件；文件→导入→源文件格式→M-CARD 格式→下一步；选择所要转换文件的路径及具体的文件，打开→确定→保存。

（2）PMC 程序 LADDER-Ⅲ格式转换成存储卡格式。打开一个 LADDER-Ⅲ格式的 PMC 程序，文件→导出→存储卡→确定→保存。

任务 3.2 FANUC 0i C/0i D 数控系统综合连接

3.2.1 FANUC 0i C/0i D 数控系统组成及特点

FANUC 0i 数控系统由 CNC 装置、主轴驱动单元、进给伺服驱动单元、可编程控制器 PMC、系统显示装置和操作面板、辅助控制装置和通信装置等部分组成，如图 3-20 所示。

图 3-20 FANUC 0i 数控系统基本配置

3.2.1.1 CNC 装置

CNC 装置是数控系统的核心部分。现代数控机床的 CNC 装置主要由主 CPU、各种存储器、主轴控制模块、伺服控制模块、PLC 控制模块、显示卡控制模块等几部分组成。

主 CPU 通过 BUS 总线实现数据的算术运算和逻辑运算及指令的操作控制。存储器用来存储系统程序（CNC 控制软件、数字伺服控制软件、PLC 控制软件和梯形图、宏程序执行软件等）和用户程序（CNC 参数、PLC 参数、加工程序、刀具补偿量及用户宏变量等）。主轴控制模块通过子 CPU 实现对主轴的位置、转速及功能指令的控制。伺服控制模块由子 CPU（FANUC 系统的 1 个子 CPU 控制 2 个轴）通过 BUS 总线与数字伺服装置通信，实现对数控机床进给轴的位置、速度及电动机电流的控制。PLC 控制模块由 PLC 控制的 CPU、存储器、PLC 管理软件及控制电路等组成，FANUC 数控系统的 PLC 均采用内装型 PLC（又称 PMC），通过 PMC 可实现数控机床的辅助控制及 PMC 轴的控制。显示卡控制模块为数控机床的显示装置（LCD）提供视频信号，新型数控系统把图形显示功能芯片及 MDI 信号信息功能芯片和显示卡做成一体，通过 FSSB 总线与 CNC 装置进行通信控制。

3.2.1.2 主轴驱动单元

组成：主轴放大器、主轴电动机、主轴传动机构、主轴位置和速度检测装置，如图 3-21～图 3-25 所示。

功能：实现数控机床主轴的速度和位置控制、主轴与进给轴的同步控制、主轴的准停与定向控制。

图 3-21　变频器

图 3-22　串行主轴放大器

图 3-23　串行数字主轴电动机

图 3-24　主轴传动机构

图 3-25 主轴位置和速度检测装置

3.2.1.3 进给伺服驱动单元

组成：伺服放大器、伺服电动机、进给传动机构、进给单元的位置检测装置，如图 3-26~图 3-30 所示。

功能：实现数控机床进给装置的速度与位置控制。

3.2.1.4 可编程控制器 PMC

可编程控制器 PMC 除可实现机床各种辅助功能的控制之外，新型数控系统还可实现数控机床的附加轴的 PMC 控制。

(a) (b) (c)

图 3-26 进给驱动单元

（a）αi 系列伺服放大器；（b）α/αi 系列进给伺服电动机；（c）β/βi 系列进给伺服电动机

图 3-27 进给伺服电动机及传动机构

图 3-28　独立型旋转编码器

图 3-29　光栅尺

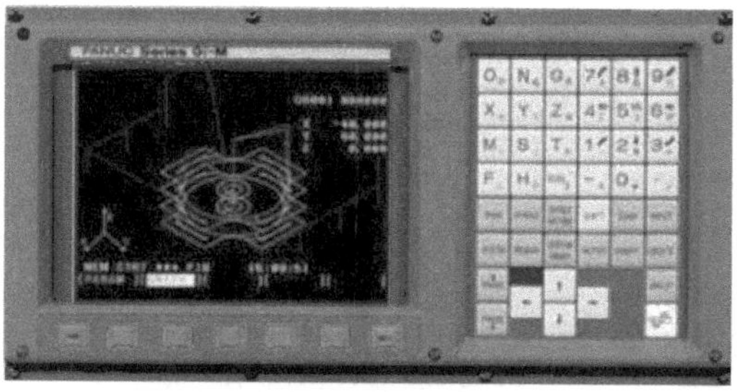

图 3-30　显示装置

3.2.1.5　系统显示装置和操作面板

系统显示装置用来显示各种信息及图形画面。操作面板的功能是实现操作者与 CNC 装置及机床的人机对话，如图 3-31 所示。

图 3-31　数控机床操作面板

3.2.1.6　辅助控制装置

数控机床辅助控制装置有数控机床的液压或气动系统、润滑系统、排屑系统、自动换刀系统、自动交换工作台控制系统等，其功能是用来实现数控机床的辅助控制，如图 3-32～图 3-36 所示。

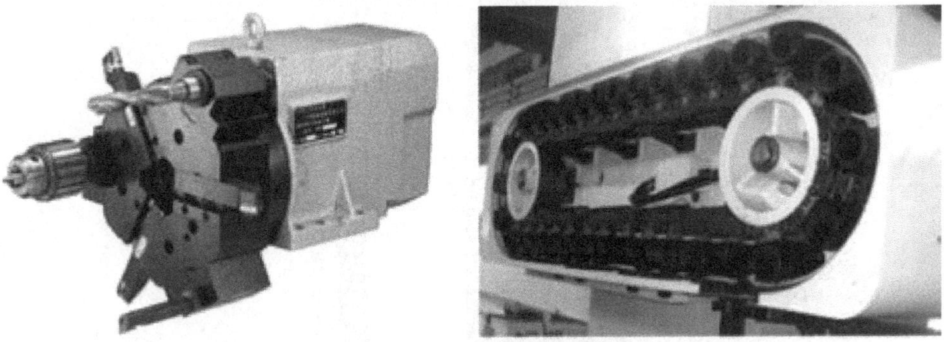

图 3-32　自动换刀装置

图 3-33　回转台和交换台

图 3-34　自动排屑装置

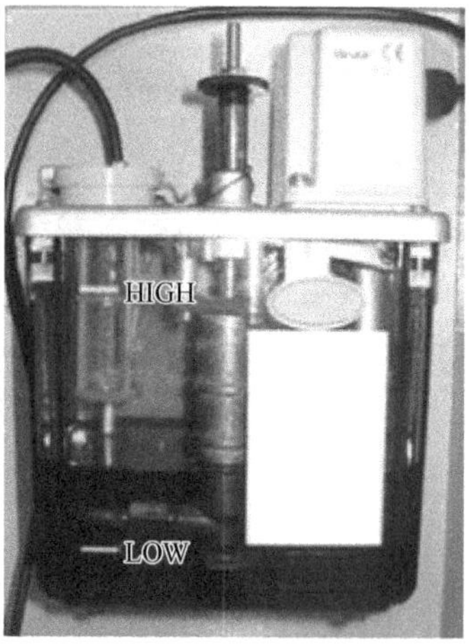

图 3-35　自动润滑装置

图 3-36　液压站

3.2.1.7　通信装置

CNC 系统通过通信接口与计算机进行各种数据的交换，实现加工程序的在线编辑及各种数据的备份与恢复，如图 3-37～图 3-40 所示。

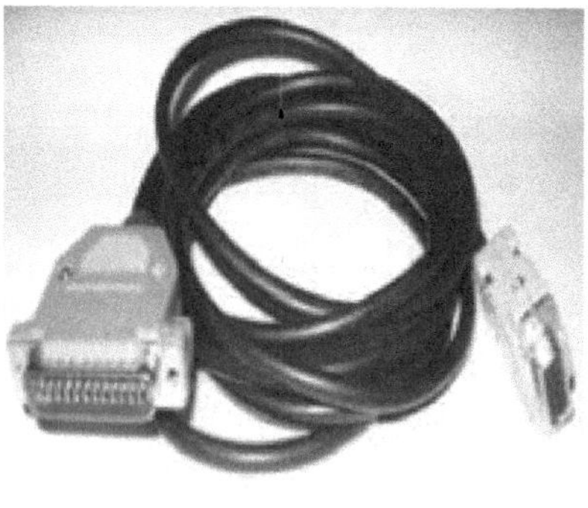

图 3-37　RS-232

图 3-38　存储卡

图 3-39　数据服务器

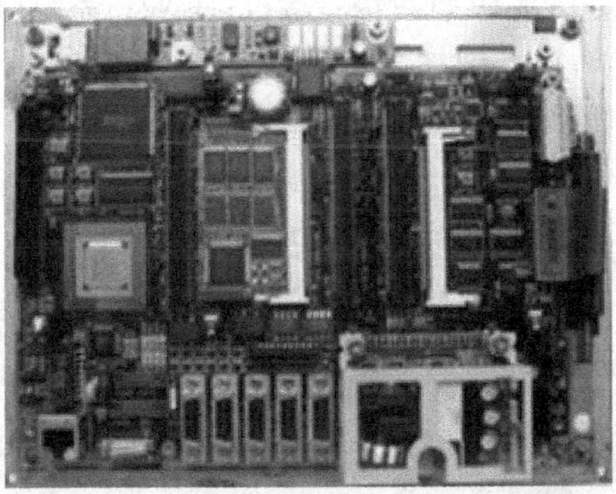

图 3-40　内置以太网

3.2.2　FANUC 0i C 系统配置、接口功能连接

FANUC 0i C 系统是一款具有很高性价比的超薄一体型 CNC 系统。最大控制轴数，4 轴；最大控制主轴电动机数，两个；可连接的伺服电动机，xiS 伺服电动机；可连接的主轴电动机，xi 主轴电动机；伺服接口，FANUC 串行伺服总线（FSSB）；显示单元，7.2″单色 LCD（B 功能包）、8.4″/10.4″彩色 LCD（A 功能包）；MDI 键盘标准为小键盘，选配为全键盘，显示器与 MDI 键盘形式有水平和垂直方式两种。

3.2.2.1　FANUC 0i C 系统接口及功能

FANUC 0i C 系统如图 3-41 所示。

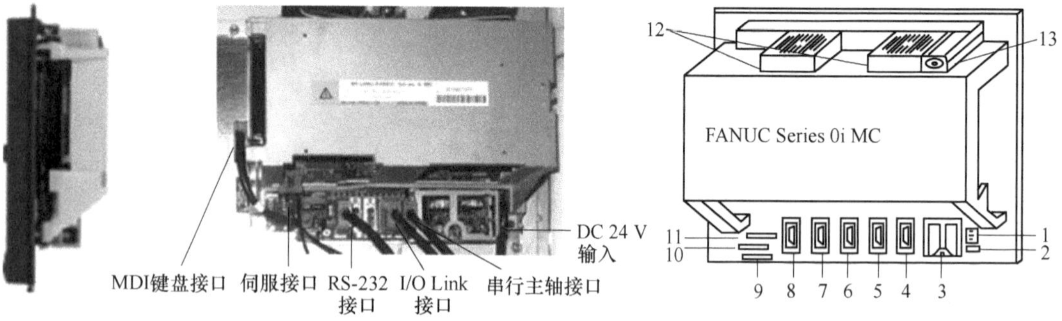

图 3-41　FANUC 0i C 系统

1—CP1；2—FUSE；3—电源单元；4—JA7A；5—JD1A；
6—JA40；7—JD36B；8—JD36A；9—CN2；10—CA55；11—CA69；
12—系统电源风扇；13—系统存储器电池

在图 3-41 中，CP1，系统直流 24 V 输入电源接口；FUSE，系统 DC 24 V 输入熔断器（5 A）；JA7A，串行主轴/主轴位置编码器信号接口；JD1A，外接的 I/O 卡或 I/O 模块信号接口（I/O Link 控制）；JA40，模拟量主轴的速度信号接口（0～10 V）；JD36A，RS-232-C 串行通信接口（0、1 通道）；JD36B，RS-232-C 串行通信接口（2 通道）；CA69，伺服检测板接口；CA55，系统 MDI 键盘信号接口；CN2，系统操作软键信号接口。

3.2.2.2　FANUC 0i MC 系统连接

FANUC 0i MC 数控系统部件连接结构图及系统连接图如图 3-42 和图 3-43 所示。

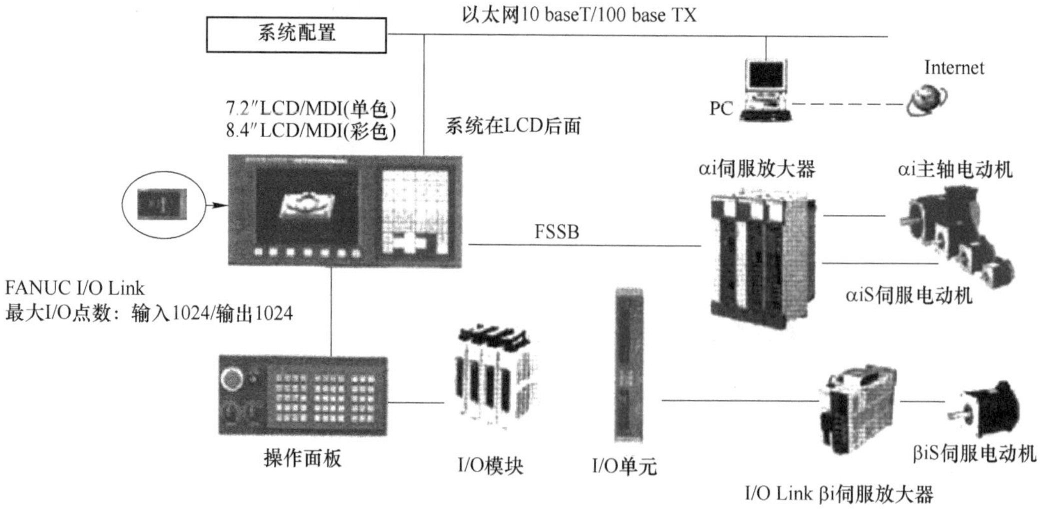

图 3-42　FANUC 0i MC 数控系统部件连接结构图

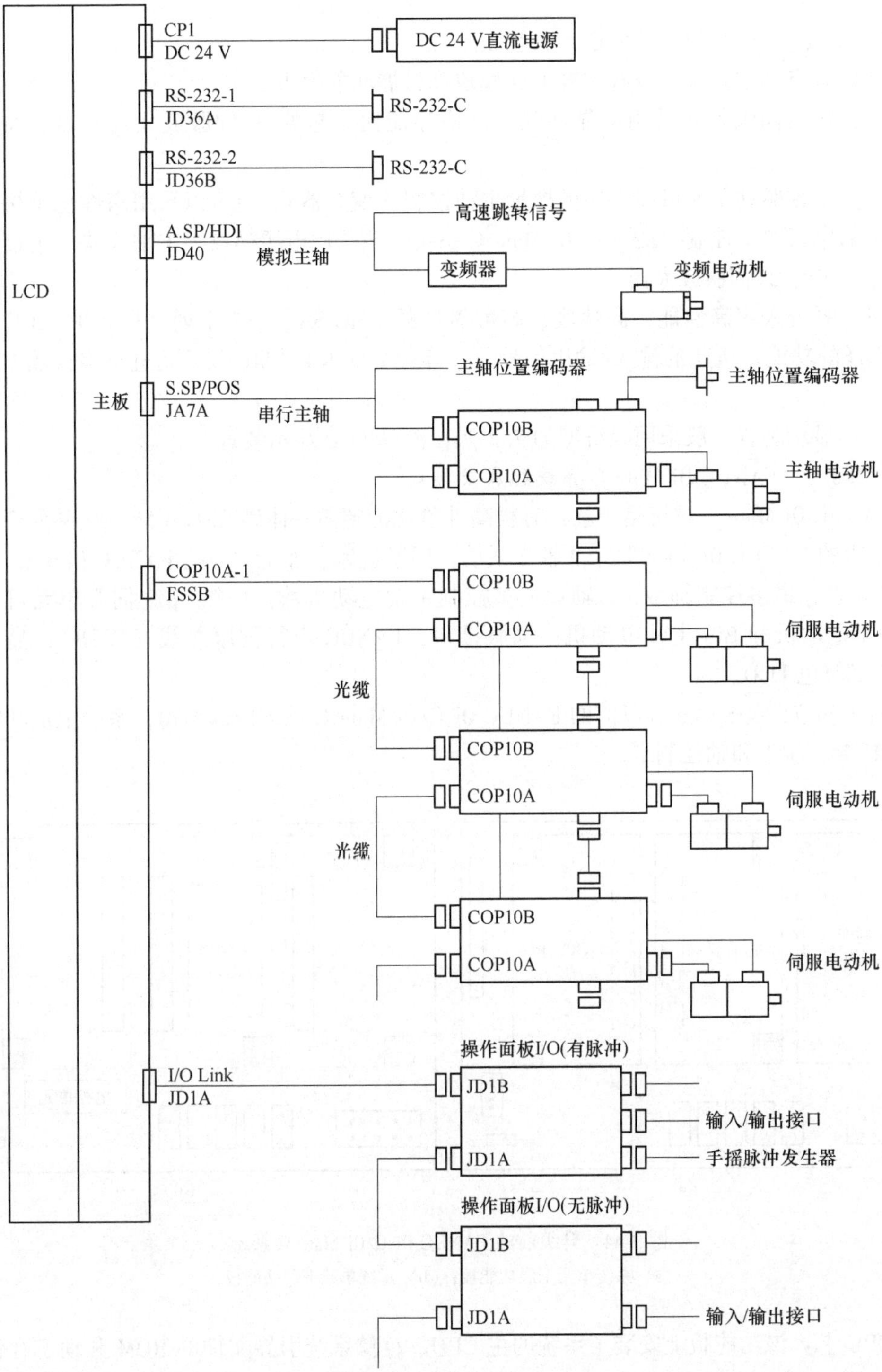

图 3-43　FANUC 0i MC 系统连接图

3.2.3　FANUC 0i Mate C 系统

3.2.3.1　FANUC 0i Mate C 系统特点

（1）只有基本模块，没有内置 I/O 模块和扩展功能模板。

（2）进给伺服单元采用可靠性强、价格性能比卓越的 βi 伺服放大器和 βiS 伺服电动机。

（3）主轴驱动单元可以采用模拟量主轴控制（变频器），也可以采用高性能价格比的 βi 伺服的串行数字控制。FANUC 0i Mate C 系统一般采用电源模块、主轴模块、进给伺服模块为一体的 βi 伺服放大器。

（4）系统采用高性能、高速度、高可靠性的 PMC-SA1/SB7 系列，具有 FANUC 0i C 系统同样的功能。机床的输入/输出信号通过外置 I/O 卡和 PMC 与系统进行串行数据通信控制。

（5）显示装置一般采用经济型的 7.2″黑白液晶 LCD 显示装置。

3.2.3.2　FANUC 0i Mate C 系统组成及接口

FANUC 0i Mate C 系统是一款具有很高性价比的超薄一体型 CNC 系统。该系列产品有用于车床的 FANUC 0i Mate TC，2 轴 2 联动；用于铣床、加工中心的 FANUC 0i Mate MC，3 轴 3 联动；最多控制轴数，3 轴；最多控制主轴电动机数，1 个；βiS 伺服单元可连接 βiS 伺服电动机和 βiS 主轴电动机；伺服接口，FANUC 串行伺服总线（FSSB）；显示单元，7.2″单色 LCD。

图 3-44 为 2006 年 6 月以前的 FANUC 0i C/0i Mate C 系统内部结构，系统上层功能板有 CPU 卡、显卡和轴控制卡。

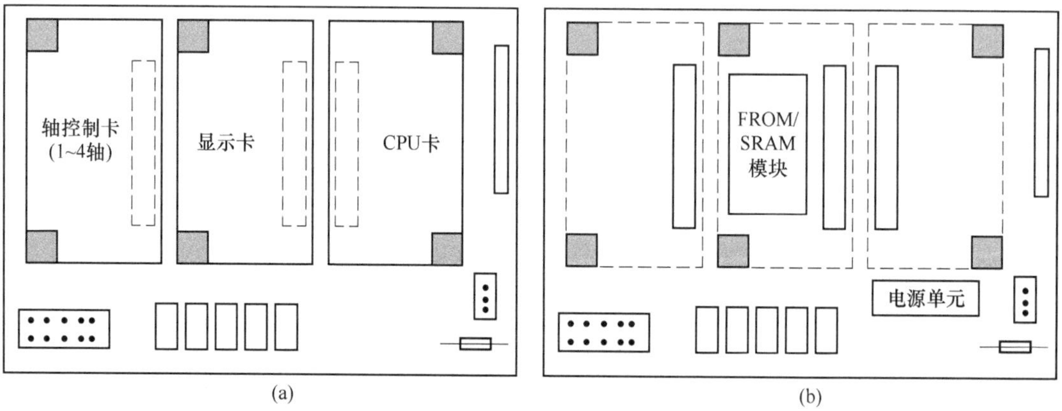

图 3-44　升级前的 FANUC 0i C/0i Mate C 系统

（a）系统单元上层功能板；（b）系统单元下层功能板

CPU 卡：该功能板上安装了系统的主 CPU、存储系统引导文件的 ROM 和动态存储器 DRAM 等。

显卡：视频信号和图形/文字显示信号。

轴控制卡：电动机标准参数和伺服轴的控制信息等。

系统上层功能板有闪存 FROM/静态存储器 SRAM 功能板和电源单元。

闪存 FROM/静态存储器 SRAM：FROM 用于存储系统文件和机床制造厂文件；SRAM 用于存储用户数据（机床数据）。

电源单元：为系统提供各种直流电压。

2006 年 6 月以后，FANUC 公司对 0i C/0i Mate C 系统进行了升级，其硬件和软件都发生了改变，硬件方面如下所述。

(1) 取消了 CPU 卡，把主 CPU、存储系统引导文件的 ROM 和动态存储器 DRAM 都集成在系统主板上。

(2) 取消了电源单元模块，把电源单元集成到系统主板上。

(3) 取消了分离型显示卡，采用了集成显示卡结构（即和主板集成在一体）。除控制功能板外，整个系统由轴板、闪存 FROM/静态存储器 SRAM 和系统主板构成，使系统硬件故障的诊断更加简洁。具体硬件结构如图 3-45 所示。

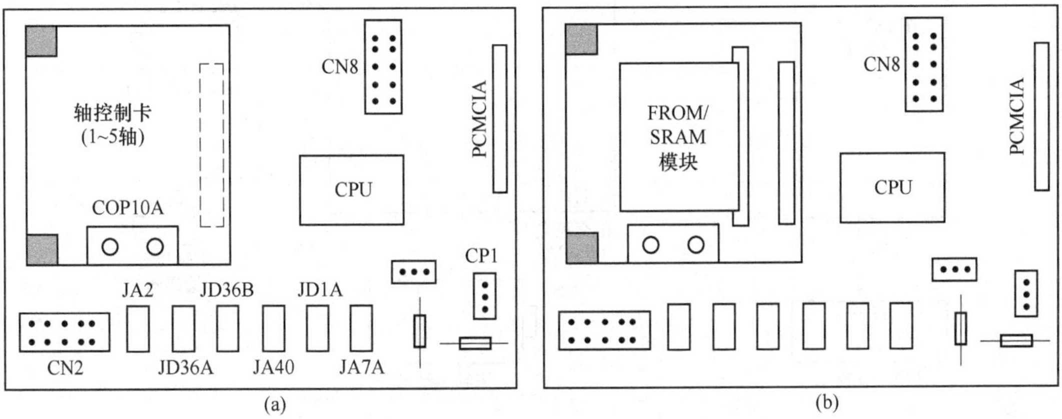

图 3-45　升级后的 FANUC 0i C/0i Mate C 系统

(a) 系统单元上层功能板；(b) 系统单元下层功能板

3.2.3.3　FANUC 0i Mate C 系统的连接

FANUC 0i Mate C 系统的配置，除电源、主轴和伺服单元（模块）同 FANUC 0i C 配置形式上一样之外，也常配置集电源模块、主轴模块、伺服模块于一体的 βiS 伺服驱动器。其连接图和实物图如图 3-46 和图 3-47 所示。

当系统 RAM 的电池电压不足或维护不当导致电压为零时，机床数据会全部丢失。机床数据包括系统 CNC 参数、PMC 参数、加工程序和各种补偿数据，要定期检查并更换系统电池，一般的电池需要一年更换一次，更换时必须是在系统通电状态下进行。

3.2.4　FANUC 30i/31i/32i/0i MD/0i TD 系统

FANUC 30i/31i/32i/0i MD/0i TD 系统如图 3-48～图 3-52 所示。

3.2.4.1　系统功能和主要特点

系统伺服采用多通道控制。FANUC 30i 系统为 10 个通道，CNC 轴数为 32 轴，8 主轴，联动轴数为 24 轴；FANUC 31i 系统为 4 个通道，CNC 轴数 20 轴，6 主轴，联动轴

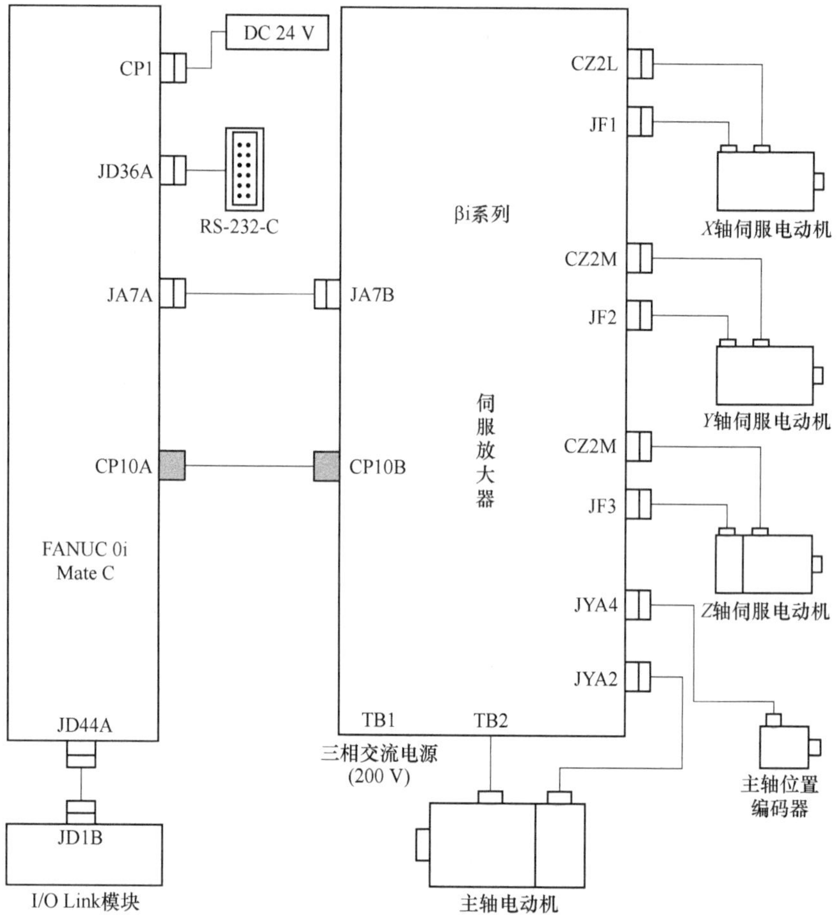

图 3-46　FANUC 0i Mate C 系统的连接图

图 3-47　βiS 系列伺服放大器

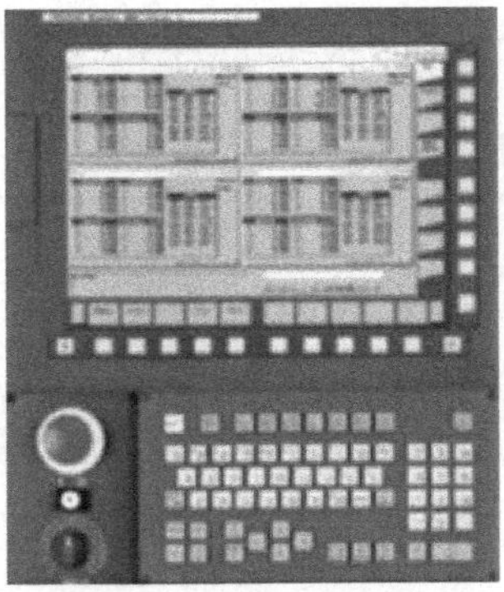

图 3-48　FANUC 30i 系统

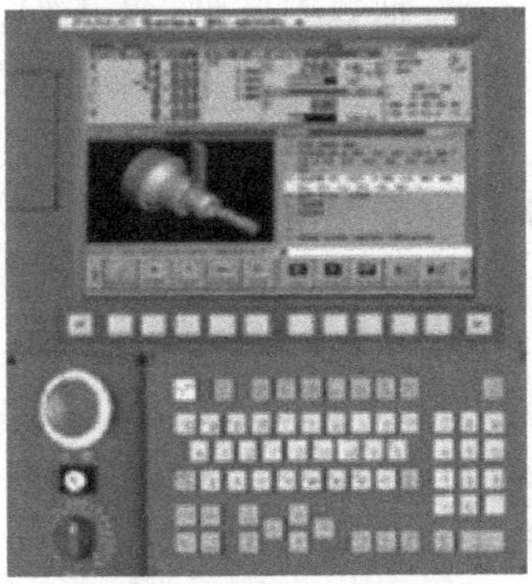

图 3-49　FANUC 31i 系统

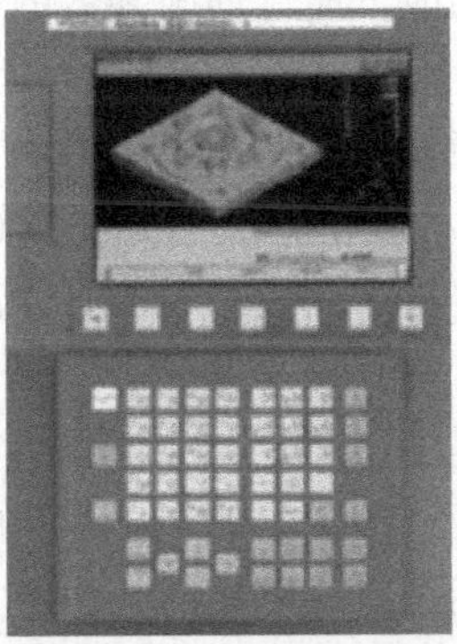

图 3-50　FANUC 32i 系统

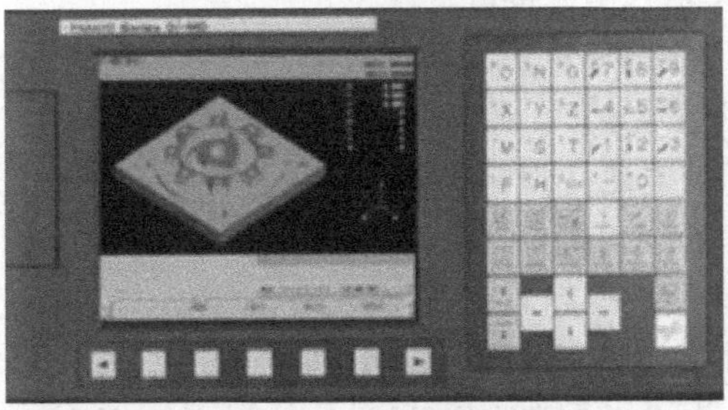

图 3-51　FANUC 0i MD 系统

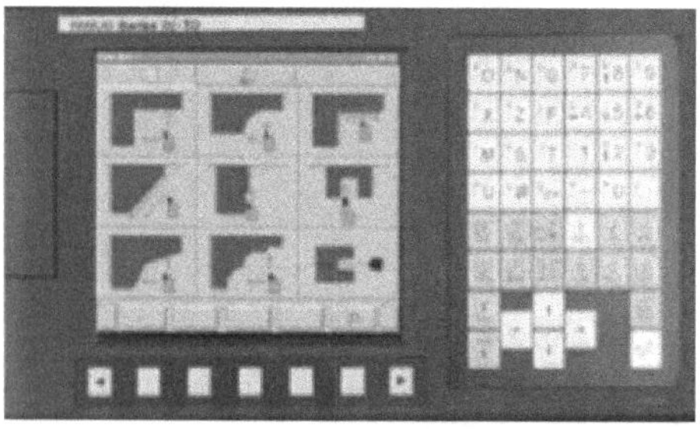

图 3-52　FANUC 0i TD 系统

数为 4 轴；FANUC 32i 系统为 2 个通道，CNC 轴数为 9 轴，2 主轴，联动轴数为 4 轴。FANUC 0i TD 系统为 2 个通道，CNC 轴数为 8 轴，2 主轴，联动轴数为 4 轴；FANUC 0i MD 系统为 1 个通道，CNC 轴数为 5 轴，2 主轴，联动轴数为 4 轴；FANUC 0i Mate D 系统为 1 个通道，CNC 轴数为 3 轴，1 主轴，联动轴数为 3 轴。

（1）具有多种语言显示和加工程序仿真功能。三维图显示能更加直观和快捷地修改程序。

（2）防止误操作功能。系统操作功能包括加工程序误操作、刀偏误操作、坐标偏移误操作和坐标系设定误操作。这 4 项功能的设定和确认使机床操作更加安全可靠。

（3）定期维护功能。定期维护画面是对耗件（如 LCD 单元的背光和系统后备电池）进行管理的画面。通过设定耗件的名称、寿命和计数方法，显示寿命的剩余时间。可定期维护状态画面、设定画面和机床系统菜单画面及 CNC 系统菜单画面。

（4）系统参数设定帮助菜单功能。通过伺服参数的引导设定和伺服的自动调整设定，使机床达到优化控制，实现数控加工的高精度控制。

（5）系统保护级别的设定功能。系统保护级别分为 8 个，其中 4~7 级别是通过口令进行设定的，使系统有些功能参数的安全等级更高，如 CNC 参数、PMC 参数。

（6）系统可选择各种网络板（如 Profibus、Device Net、FL-net 总线功能板），系统具有以太网功能。

3.2.4.2　FANUC 0i D/0i Mate D 系统接口及功能

（1）FANUC 0i D/0i Mate D 系统配置，如图 3-53 和图 3-54 所示。

（2）FANUC 0i D/0i Mate D 系统接口及功能，如图 3-55 所示。

系统端子接口功能如下。

CP1：系统直流 24 V 输入电源接口。

COP10A：接伺服放大器 FSSB。

JA2：系统 MDI 键盘信号接口。

CA114：系统数据保持电池（锂电池 3V）。

JD36A：RS-232-C 串行通信接口（0、1 通道）。

JD36B：RS-232-C 串行通信接口（2 通道）。

JA40：模拟量主轴的速度信号接口（0~10 V）。

JD51A：外接的 I/O 卡或 I/O 模块信号接口（I/O Link 控制）。

JA41：串行主轴/主轴位直漏码器信号接口。

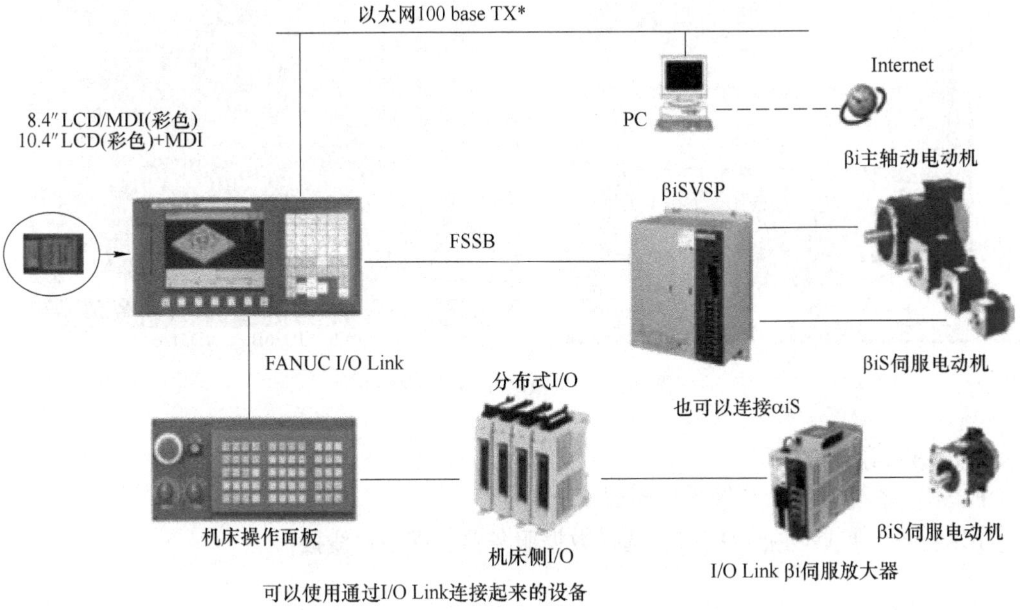

图 3-53　FANUC 0i D 系统配置

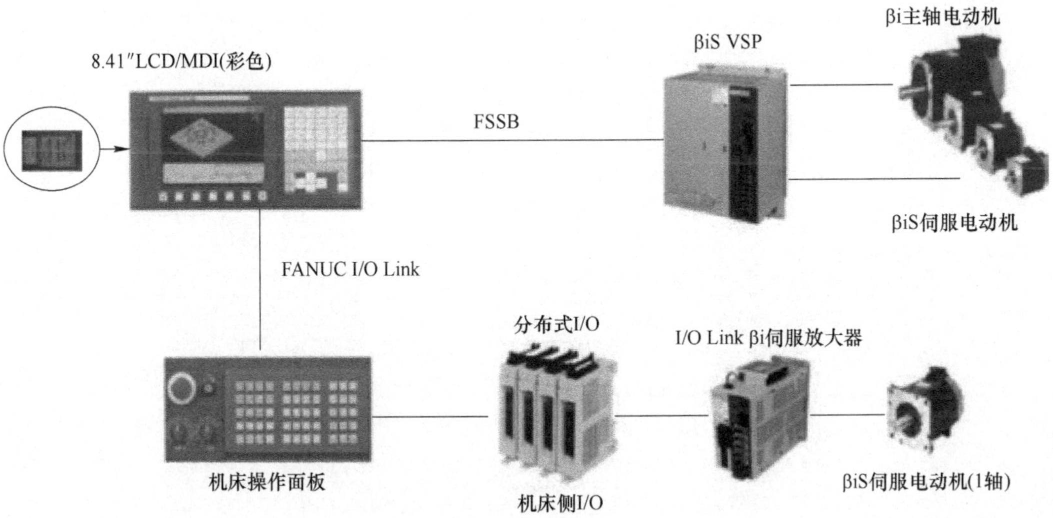

图 3-54　FANUC 0i Mate D 系统配置

CA122：系统操作软键信号接口。

CA121：变频器信号接口。

CD38A：内嵌式以太网接口。

FAN0、FAN1：系统散热风扇。

CA79A：视频信号接口。

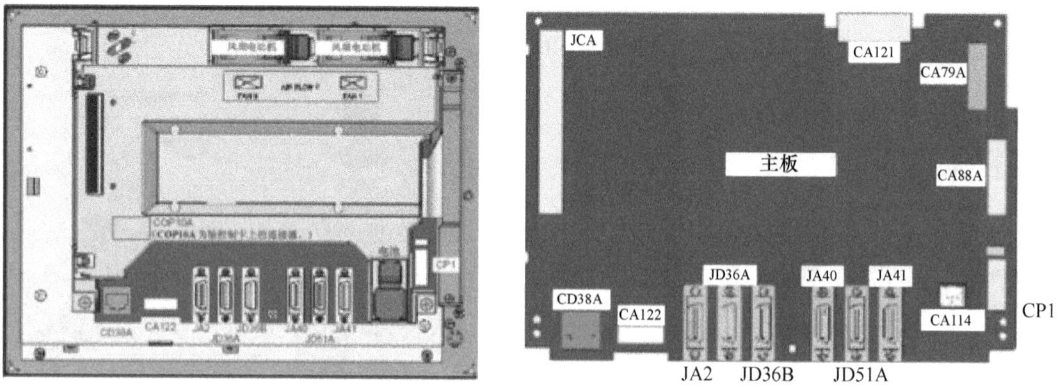

图 3-55　FANUC 0i D 系统接口

CA88A：存储卡接口。

FUSE：系统 DC 24 V 输入熔断器（5 A）。

JCA：系统扩展功能板接口，选择数据服务器、网络总线接口。

任务 3.3 系统参数设置与调整

3.3.1 FANUC 0i 数控系统常用参数设定

CNC 参数根据使用目的，按参数号进行分类。常用的参数有：“设定”（0000）、通信接口（0100）、轴控制（1000）、坐标系（1200）、存储行程检测（1300）、进给速度（1400）、加减速控制（1600）、伺服（1800、2000）；DL/D0（3000）、显示与编辑（3100）、编程（3400）、螺距误差补偿（3600）、主轴控制（3700）、刀具补偿（5000）、固定循环（5100）、刚性攻丝（5200）、缩放/坐标旋转（5400）、极坐标插补（5450）、位置开关（6900）、手动运行和自动运行（7000）、手轮（7100）。

3.3.1.1 显示语言设定

PRM3102。

3.3.1.2 轴设定（基本）

（1）PRM1001#0：直线轴的最小指令增量（0：毫米；1：英寸）。

（2）PRM1002#1：设定无挡块方式返回参考点功能（0：无效；1：有效）。

（3）PRM1004#1：设定最小输入增量和最小指令增量（0：0.001 mm；1：0. 0001 mm）。

（4）PRM1006。

PRM1006#0：设定直线轴或旋转轴（0：直线轴；1：旋转轴）。

PRM1006#3：设定是直径编程还是半径编程（0：半径；1：直径）。

PRM11006#5：返回参考点的方向（0：正向；1：负向）。

（5）PRM1008。

PRM1008#0：设定回转轴绝对坐标的每转移动量不归算或归算（0：不归算；1：归算）。

PRM1008#2：设定回转轴相对坐标的每转移动量不归算或归算（0：不归算；1：归算）。

相对坐标：操作员使用的计数器；绝对坐标：加工程序使用的坐标系。所谓坐标值的归算是指坐标值达到 1 转的移动量时，即回到 0。例如，在归算设定中，指定 1 转的移动量为 360°时，359.999 的下面就是回到 0。

（6）PRM1010：CNC 控制轴数。车床为 2，铣床为 3，带旋转轴加工中心为 4。

（7）PRM1020：各轴编程用的轴名（88：X 轴；89：Y 轴；90：2 轴；85：U 轴；86：V 轴；87：W 轴；65：A 轴；66：B 轴；67：C 轴：69：E 轴）。

（8）PRM1022：基本坐标系中各轴的设定（0：不是基本轴，也不是平行轴；1：X 轴；2：Y 轴；3：Z 轴；5：X 轴的平行轴；6：Y 轴的平行轴；7：Z 轴的平行轴）。

（9）PRM1023：每个轴的伺服号，与 PRM1022 对应。

（10）参数 1260：回转轴每转的移动量［设定单位］。例如，当每转为 360°，设定单位为 0.001°时，参数 1260 设定为 360000。

（11）PRM1815。

PRM1815#1：分离型脉冲编码器（0：不使用；1：使用）。

PRM1815#4：机床位置与绝对位置检测器的位置（0：不一致；1：一致）。

PRM1815#5：选择位置检测器（0：增量；1：绝对）。

（12）1825：各轴的伺服环增益［0.01 s^{-1}］，标准设定为 3000。值越大，伺服的响应越好，但过大会导致不稳定。伺服时间常数＝1/伺服环增益。

（13）参数 1826：各轴的到位宽度［检测单位］，标准设定为 20。位置偏差量的绝对值小于该设定值时，认为定位结束。

（14）参数 1828：各轴移动中允许的最大位置偏差量［检测单位］。

给出移动指令，位置偏差量大于该设定值时，出现 411 号报警。

$$\text{设定值}=\frac{\text{快速进给速度}}{60}\times\frac{1}{\text{伺服环增益}}\times\frac{1}{\text{检测单位}}\times 1.2$$

如果快速进给速度为 10000 mm/min，伺服环增益为 30 s^{-1}，检测单位为 0.001 mm，则参数 1828 的设定值为：

$$\text{设定值}=\frac{1000}{60}\times\frac{1}{30}\times\frac{1}{0.001}\times 1.2=6667$$

（15）参数 1829：各轴停止中允许的最大位置偏差量，标准设定为 500，单位为 μm。在没有给出移动指令时，位置偏差量大于该设定值时，出现 410 号报警。

3.3.1.3　轴设定（坐标系）

（1）PRM1240、PRM1241、PRM1242、PRM1243 分别为机床坐标系中各轴第一、第二、第三、第四参考点的坐标值。

（2）PRM1320：各轴正方向存储行程极限的坐标值。

（3）PRMI321：各轴负方向存储行程极限的坐标值。

3.3.1.4　轴设定（进给速度）

（1）PRM1401#6：空运行在快速运行中［0：无效（标准设定）；1：有效］。

（2）PRM1410：空运行速度（标准设定：5000）。

（3）PRM1420：各轴快速运行速度（G00 速度，标准设定：5000/10000）。

（4）PRM1421：各轴快速运行倍率的 F0 速度（标准设定：500）。

（5）PRM1422：所有轴的最大切削进给速度（标准设定：4000）。

（6）PRM1423：各轴手动连续进给（JOG 进给）速度（标准设定：1000）。

（7）PRM1424：各轴的手动快速运行速度（标准设定：5000/10000）。

（8）PRM1425：各轴回零的低速 FL 速度（标准设定：400）。

3.3.1.5　轴设定（加/减速）

（1）PRM1610#0：切削进给，包括空运行的加/减速类型（0：指数型加减速；1：插补后的直线型加减速）。

（2）PRM1620：各轴快速进给的直线型加/减速时间（标准设定：150）。

（3）PRM1625：各轴 JOG 进给的指数函数型加/减速时的 FL 速度（标准设定：10）。

3.3.1.6　伺服设定

（1）初始设定位 PRM2000：设成 0000000 进行数字伺服参数的初始化设定。初始化设定完成后，自动恢复成 0001010。

（2）电动机代码 PRM2020：根据实际电动机参阅资料设定电动机 ID 号。初始化设定时根据此数据进行初始值的计算设定。

（3）电枢倍乘比（AMR）PRM2001：设成 00000 必须设定为全 0。

（4）指令倍乘比（CMR）PRM1820：

当 CMR 为 1/127～1/2 时，设定值＝1/CMR＋100；当 CMR 为 0.5～48 时，设定值＝2×CMR。

（5）柔性进给齿轮比 N/M，PRM2084：N。PRM2085：M。

半闭环控制伺服系统：N/M＝(伺服电动机一转所需的位置反馈脉冲数/100 万）的约分数。

全闭环控制形式伺服系统：N/M＝(伺服电动机一转所需的位置反馈脉冲数/电动机一转分离型检测装置位置反馈的脉冲数）的约分数。

（6）方向设定 PRM2022：设定为 111，正方向；-111，逆方向。

（7）速度脉冲数 PRM2023，速度脉冲，位置脉冲设定见表 3-5。

（8）位置脉冲数 PRM2024，速度脉冲，位置脉冲设定见表 3-5。

表 3-5　速度脉冲，位置脉冲设定

项目	参数号	设定单位：1/1000 mm		设定单位：1/10000 mm	
		闭环	半闭环	闭环	半闭环
高分辨率设定	2000#0	0	0	1	1
外装检测器	1815	00100010	00100000	00100010	00100000
速度反馈脉冲	2023	8192	8192	8192	8192
位置反馈脉冲	2024	NS	12500	NS/10	1250

（9）PRM1821：各轴参考计数器容量。

用来指定栅格方式返回参考点时的栅格间隔，即设定脉冲产生的循环周期。按电动机一转所需的位置脉冲数（半闭环）或按该数能被整数整除的数来设定（全闭环）。各轴参考计数器容量＝栅格间隔/检测单位（栅格间隔＝脉冲编码器的每转移动量）。

（10）参数 1850：各轴栅格偏移量。

为使参考点偏移，可以通过此参数进行。但是，栅格偏移量的最大值不能超出参考计数器容量。

3.3.1.7　辅助功能设定

PRM3017：RST 复位信号的输出时间（标准设定：0）。

PRM3030：M 代码的允许位数（标准设定：3）。

PRM3031：S 代码的允许位数。

PRM3032：T 代码的允许位数。

PRM3701#1：使用或不使用串行主轴（0：使用；1：不使用）。

PRM7110：手摇脉冲发生器使用数量（标准设定：1）。

3.3.1.8　DI/DO 参数设定

PRM3003#0：互锁信号（0：有效；1：无效）。

PRM3003#2：各轴互锁信号（0：有效；1：无效）。

PRM3003#3：各轴方向互锁信号（0：有效；1：无效）。

PRM3004#5：超程限位信号（0：检查；1：不检查）。

3.3.1.9　主轴参数设定

PRM3740：检查主轴速度到达信号时间。

PRM3741、PRM3742、PRM3743、PRM3744：齿轮各挡的主轴最高转速。

3.3.1.10　有关编程的参数

PRM3401：若 0 设为 1，则编程时为不用小数点表示法。

3.3.1.11　波特率 PRM103

波特率设定见表 3-6。

表 3-6　波特率设定

设定值	波特率/B	设定值	波特率/B
1	50	7	600
2	100	8	1200
3	110	9	2400
4	150	10	4800
5	200	11	9600
6	300	12	19200

3.3.1.12　有关恒表面切削速度控制的参数

PRM8133#0：是否使用恒表面切削速度控制（0：不使用；1：使用）。

PRM1405#2：无位置编码器时能否指令每转进给功能（0：不可以；1：可以）。

PRM3741~3744：1~4 挡齿轮的主轴最高转速。

PRM3770：恒表面切削速度控制中用于计算的参考轴。

PRM3771：恒表面切削速度控制方式、G96 的最低主轴速度。

PRM3772：最高主轴速度。

3.3.2　FANUC 0i 数控系统常用参数调整

3.3.2.1　螺距误差补偿参数

如果指定了螺距误差补偿数据，各轴的螺距误差可按检测单位进行补偿。各轴补偿数据的补偿位置是按固定间隔设定的。补偿原点是机床各轴回零的零点。螺距误差补偿数据可以由外部设备进行设定，也可从 MDI 面板上设定。进行螺距误差补偿时，必须设定以下参数，并根据这些参数设定各补偿点（各点按位置编有序号）的螺距误差。

参数 3620：参考点（每个轴）的螺距误差补偿的位置号。

参数 3621：（每个轴）螺距误差补偿的最小位置号。

参数 3622：（每个轴）螺距误差补偿的最大位置号。

参数 3623：（每个轴）螺距误差补偿倍率。

参数 3624：（每个轴）螺距误差补偿的位置间隔。

在图 3-56 中，参考点作为补偿的基准点，其补偿号的编号设定为 33。为了对各轴指定补偿值，应以参考点为基准指定补偿的正、负移动方向。如果机床的行程在正方向或负方向上超过了规定的范围，在超出范围之外，螺距误差补偿不起作用。在螺距误差的设定画面上，从 0~1023 共可补偿 1024 个点。可用参数为各轴任意分配补偿点。必须对各轴设定参考点的补偿位置号（参数 3620）、补偿的最小位置号（参数 3621）以及补偿的最大位置号（参数 3622）。在螺距误差的设定屏幕上，在最小补偿位置号前显示各轴的名称。

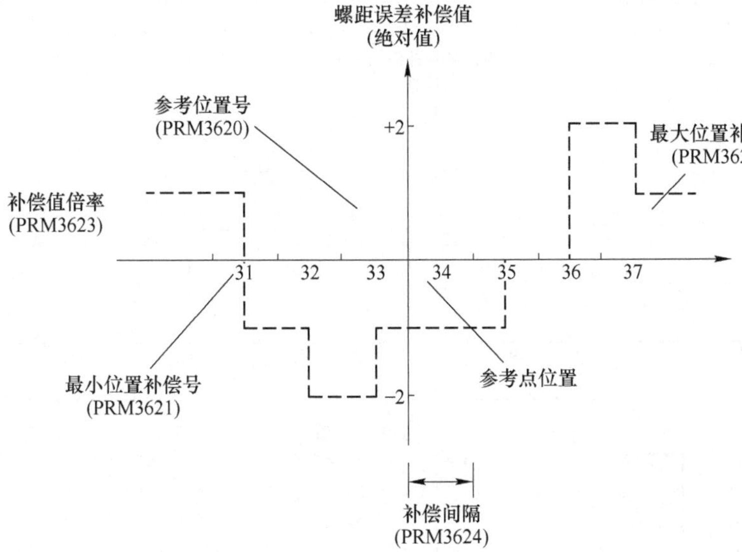

补偿位置号	31	32	33	34	35	36	37
补偿值	−2	−1	+1	0	+1	+2	−1

图 3-56　螺距误差补偿

补偿位置的最小间隔=最大进给速度（快速移动速度）/3750

［**例 3-1**］　直线轴，机床行程−400~800 mm，螺距误差补偿位置间隔为 50 mm，参考点的补偿位置号为 40。

螺距误差补偿点如图 3-57 所示。

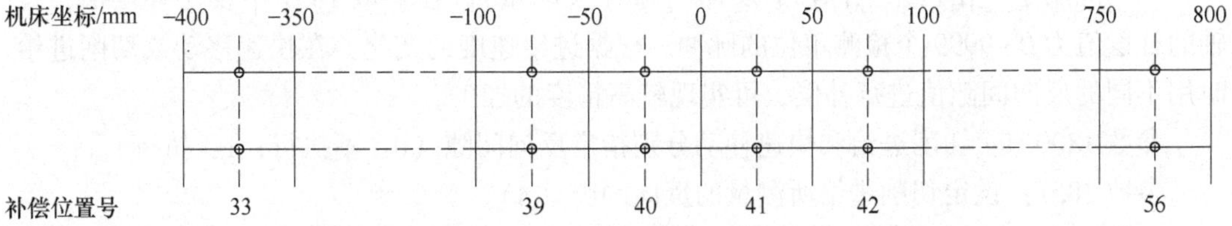

图 3-57　螺距误差补偿点

负方向最远的补偿位置号如下：

参考点的补偿位置号-(负方向的机床行程/补偿位置间隔)+1=40-400/50+1=33

正方向的最远补偿位置号如下：

参考点的补偿位置号+(正方向的机床行程/补偿位置间隔)=40+800/50=56

螺距误差补偿测定如图 3-58 所示。

补偿位置号	33	34	35	36	37	38	39	40	41	42	43	44	45	46	47	48	49
补偿值	−2	−1	−1	+2	0	+1	0	+1	+2	+1	0	−1	−1	−2	0	+1	+2

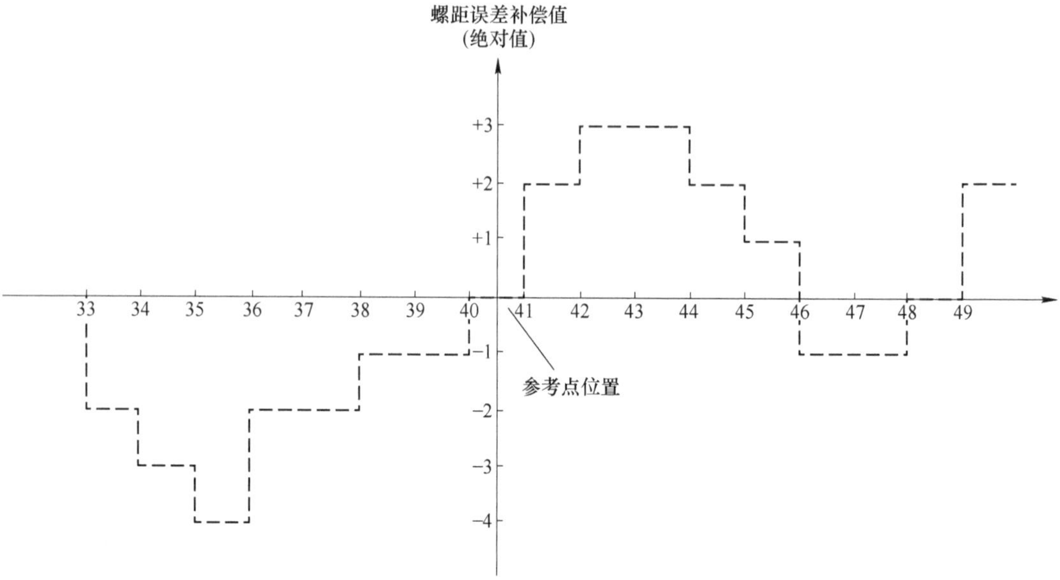

图 3-58　螺距误差补偿测定

螺距误差补偿相关的系统参数设定如下。

参数 3620：参考点补偿位置号 40。

参数 3621：最小补偿位置号 33。

参数 3622：最大补偿位置号 56。

参数 3623：补偿倍率 1。

参数 3624：螺距误差补偿间隔 50000。

3.3.2.2　反向间隙补偿

该功能用于补偿机床坐标轴的反向间隙（矢动量）。在参数 1851 中设定补偿值，每轴的补偿值为 0~9999 个检测单位的脉冲。根据进给速度的变化，在快速移动或切削进给时用不同的反向间隙值进行补偿，可实现较高精度的加工。

参数 1800#4：切削进给和快速移动分别指定反向间隙（0：不执行；1：执行）。

参数 1851：设定切削进给所测量的反向间隙（A）。

参数 1852：设定快速移动时测量的反向间隙（B）。

若切削进给时测量的反向间隙为 A，快速移动时测量的反向间隙为 B，则过冲量 $\alpha=(A-B)/2$。反向间隙补偿测定如图 3-59 所示。

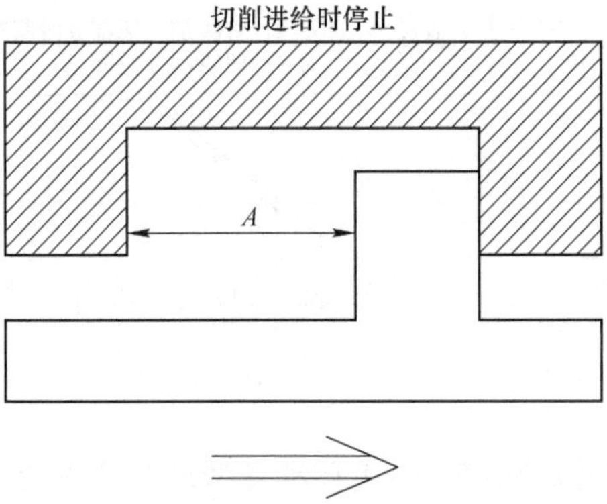

图 3-59　反向间隙补偿测定

3.3.2.3　伺服位置偏差量 PRM1836

参考点返回时可能的伺服误差值，通常此参数设定为 0（设定为 0 时，128 为缺省值）。在参考点没有建立的情况下，必须执行 1 次手动返回参考点操作。在手动回零时，伺服位置偏差量必须超过参数 1836（参考点返回时可能的伺服误差值）所设定的值，并且要求位置编码器的一转信号要旋转一周以上。

$$\text{伺服位置偏差量} = \frac{F \times 1000}{60} \times \frac{1}{G} \times \frac{1}{U}$$

式中　F——进给速度；

G——伺服回路增益，s^{-1}；

U——检测单位，μm。

[**例 3-2**]　当机床以 6000 mm/min 速度进给，伺服回路增益 G 为 30 s^{-1}，检测单位为 1 μm 时，试计算伺服位置偏差量。

$$\text{伺服位置偏差量} = \frac{F \times 1000}{60} \times \frac{1}{G} \times \frac{1}{U} = \frac{6000 \times 1000}{60} \times \frac{1}{30} \times \frac{1}{1} = 3333$$

[**例 3-3**]　当伺服回路增益 G 为 30 s^{-1}，检测单位为 1 μm，伺服位置偏差值参数 PRM1836 设定为 128 时。试确定在完成回零操作前的手动回零速度。

$$F = \frac{128 \times 60}{1000} \times 30 = 230\ \text{mm/min}$$

手动回零速度必须设在 230 mm/min 以上。

3.3.2.4　有关加减速控制的参数

加减速控制如图 3-60 所示。在启动和停止移动时，执行加减速能使启动、停止很平稳。当进给速度变化时，也执行自动加减速，因此，速度的变化也很平滑。编程时无须考虑加减速。

A　快速移动加减速

快速移动加减速类型有直线加减速或铃型加减速两种。当参数 1621＝0 时，快速移动采用直线加减速，各轴的时间常数在参数 1620 中设定。

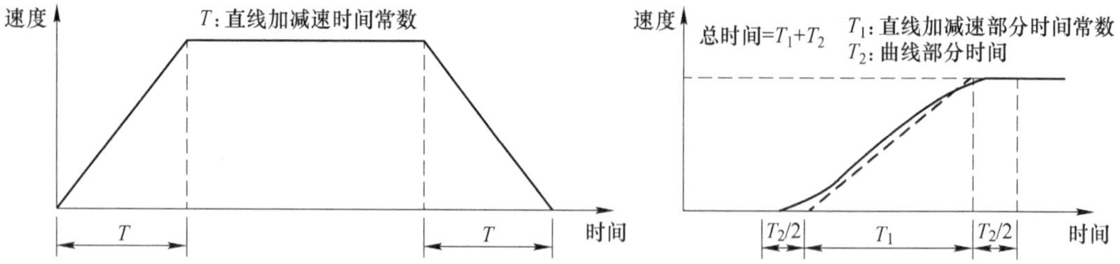

图 3-60　加减速控制

当参数 1621 不等于 0 时，快速移动采用铃型加减速。快速移动铃型加减速平滑地增加或减小快速移动速度，从而减小由于速度变化而变化的加速度对机床所产生的压力和张力。在快速移动中使用铃型加减速时，参数 1620 设定快速移动中铃型加减速的时间常数 T，参数 1621 设定时间常数 T_2。

B　切削进给加减速

切削进给加减速类型有指数型加减速、插补后直线加减速两种。当参数 1610#0 = 0 时，切削进给采用指数型加减速，各轴的指数加减速时间常数在参数 1622 中设定；当参数 1610#0 = 1 时，切削进给采用插补后直线加减速，各轴的插补后直线加减速时间常数在参数 1622 中设定。

C　JOG 进给加减速

JOG 进给加减速类型有指数型加减速、插补后直线加减速两种。当参数 1610#4 = 0 时，JOG 进给采用指数型加减速，各轴的指数型加减速时间常数在参数 1624 中设定；当参数 1610#4 = 1 时，JOG 进给采用插补后直线加减速，各轴的插补后直线加减速时间常数在参数 1624 中设定。

3.3.2.5　有关刀具功能的参数

A　刀具功能

车床类：在地址 T 后，使用最多 8 位数字来指定刀具号和偏置号从而执行刀具和偏置值的选择。偏置号由 T 代码的最后 1 位或 2 位来定义，刀具号由除用于定义偏置号的 1 位或 2 位之外的剩余位来定义。

铣床类：在地址 T 后，使用最多 8 位数字来指定刀具号。

（1）参数 3032：T 代码允许的位数。

（2）参数 5002#0：

当参数 5002#0 = 1 时，T 代码最后 1 位用于定义偏置号；

当参数 5002#0 = 0 时，T 代码最后 2 位用于定义偏置号。

（3）参数 5002#1：

当参数 5002#1 = 0 时，刀具偏置几何形状偏置号与磨损偏置号相同；

当参数 5002#1 = 1 时，刀具偏置几何形状偏置号通过刀具选择号来定义。

B　刀具补偿

M 系列刀具补偿值包括刀具形状补偿值和刀具磨损补偿值。形状补偿值和磨损补偿值可以合并为同一刀具补偿值，如图 3-61 所示。刀具补偿值可从 LCD/MDI 面板或程序中输入到 CNC 存储器中。当程序中在地址 H 代码或 D 代码后指定了相应代码时，即可从 CNC 存储器中选出相应的刀具补偿值。该值用于刀具长度补偿、刀具半径补偿或刀具偏置补偿。

T 系列刀具补偿值包括刀具形状补偿值和刀具磨损补偿值。可以不区分刀具形状补偿和刀具磨损补偿。可以用 LCD/MDI 面板或用程序将刀具补偿值输入 CNC 存储器。当程序中 T 地址后定义了相应代码时，可从 CNC 存储器中选择刀具补偿值。这个值用于刀具偏置或刀具半径补偿。

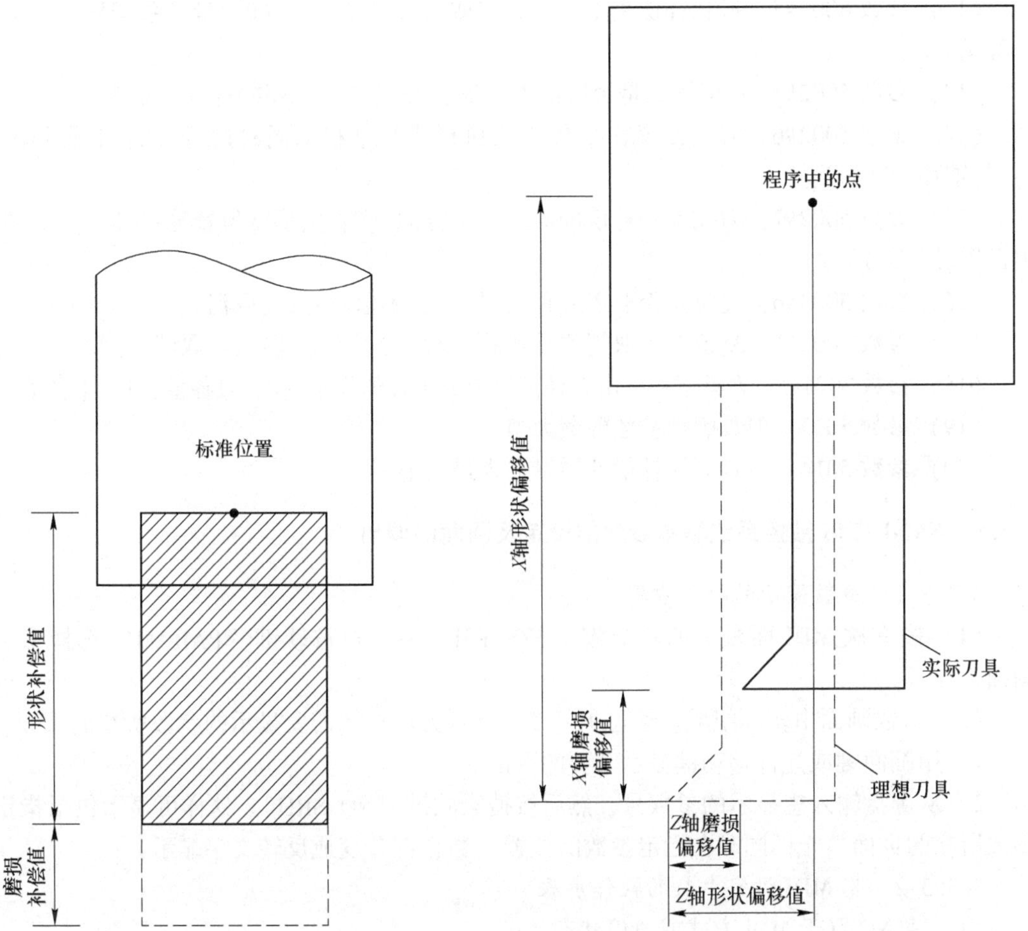

图 3-61　刀具补偿

（1）参数 3109#1：字符 C 和 w，是否用于表示形状/磨损补偿值（0：显示；1：不显示）。

（2）参数 3205#4：在偏置画面，是否可用软键删除偏置值（0：可以；1：不可以）。

（3）参数 3290#0：用 MDI 键输入刀具磨损补偿偏置值是否禁止（0：不禁止；1：禁止，用参数 3294 和 3295 设定范围）。

（4）参数 3290#1：用 MDI 键输入刀具形状补偿偏置值是否禁止（0：不禁止；1：禁止，用参数 3294 和 3295 设定范围）。

（5）参数 3294：不能用 MDI 输入的刀偏初始号。

（6）参数 3295：不能用 MDI 输入的刀偏个数。

（7）参数 5001#0：刀具长度补偿类型（0：A 型或 B 型，由 5001#1 决定；1：C 型）。

（8）参数 5001#1：刀具长度补偿类型（0：A 型；1：B 型）。

（9）参数 5001#2：刀补号如何确定（0：长度补偿用 H 代码，半径补偿用 D 代码，刀具偏置号由 5001#5 决定；1：长度补偿、半径补偿、刀具偏置号全部用 H 代码）。

（10）参数 5001#5：刀具偏置（G45～G48）的偏置号（0：D 代码；1：H 代码）。

（11）参数 5002#2：磨损补偿用刀具移动或坐标系偏移完成（0：刀具移动；1：坐标系偏移）。

（12）参数 5002#4：形状补偿用坐标系偏移或刀具移动完成（0：坐标系偏移；1：刀具移动）。

（13）参数 5002#5：0 偏置号是否取消刀具形状补偿（0：不取消；1：取消）。

（14）参数 5002#6：刀具偏置在 T 代码段执行或与轴移动同时进行（0：T 代码段；1：与轴移动同时）。

（15）参数 5002#7：刀尖半径补偿的假想刀尖方向（0：由形状偏置号定义；1：由磨损偏置号定义）。

（16）参数 5003#6：复位是否取消刀具偏置（0：不取消；1：取消）。

（17）参数 5003#7：复位是否取消刀具形状补偿（0：不取消；1：取消）。

（18）参数 5004#1：刀具偏移值由直径值设定或半径值设定（0：直径值；1：半径值）。

（19）参数 5013：刀具磨损补偿的最大值。

（20）参数 5014：刀具磨损补偿的增量输入最大值。

3.3.3 FANUC 0i 数控系统基本参数的设定及画面的调出

3.3.3.1 参数显示的操作步骤

（1）按一次 MDI 面板上的功能键“SYSTEM”后，再按软键“PARAM”选择参数画面。

（2）参数画面由多面组成。通过 1）、2）两种方法显示需要显示的参数所在的页面。

1）用翻面键或光标移动键显示需要的页面。

2）从键盘输入想显示的参数号，然后按搜索软键“NO. SRH”。这样可显示包括指定参数所在的页面，光标同时在指定参数的位置（数据部分变成反转文字显示）。

3.3.3.2 用 MDI 设定参数的操作步骤

（1）将 NC 置于 MDI 方式或急停状态。

（2）用以下步骤使参数处于可写状态。

1）按“SETTING”功能键一次或多次后，再按软键“SETTING”，可显示 SETTING 画面的第一页。

2）将光标移至“PARAMETER WRITE”处。

3）按“OPRT”软键显示操作选择软键。

4）按软键“ON：1”或输入 1，再按软键“INPUT”，使 PARAMETER WRITE = 1。这样参数成为可写入状态，同时 CNC 发生 P/S 报警 100（允许参数写入）。

（3）按功能键“SYSTEM”一次或多次后，再按软键“PARAM”，显示参数画面。

（4）显示包含需要设定的参数的画面，将光标置于需要设定的参数的位置上。

（5）输入数据，然后按“INPUT”软键，输入的数据将被设定到光标指定的参数中。

（6）若需要则重复步骤（4）和步骤（5）。

（7）参数设定完毕。须将参数设定画面的“PARAMETER WRITE =”设定为 0，禁止参数设定。

（8）复位 CNC，解除 P/S 报警 100。但在设定参数时，有时会出现 P/S 报警 000（需切断电源），此时应关掉电源再开机。

任务3.4　数控系统典型报警故障处理

3.4.1　FANUC 0i C 系统常见报警故障诊断与处理

3#为检测装置报警；4##为伺服报警；5#为超程报警；9##为系统报警。

3.4.1.1　系统 ROM 奇偶校验错误报警 900#

A　系统检测原理

在 FROM/SRAM 模块上的闪存卡里存储有系统软件及用户软件。在系统开机时，这些软件先登录到系统的动态存储器 DRAM 和伺服轴控制卡的 RAM 后再开始执行。当登录的软件不良或相应硬件故障时，系统发出 900#报警。

B　故障产生的原因

软件故障可能是系统软件及 PMC 程序被破坏；硬件故障可能是系统 FROM/SRAM 模块、伺服轴板模块及系统母板故障。

C　故障诊断及处理方法

（1）利用系统存储卡恢复或重新安装系统软件程序及 PMC 顺序程序，如果故障解除，则判定故障原因为系统软件故障。

（2）更换系统 FROM/SRAM 模块并重新输入系统参数（更换前做好系统参数的备份），如果系统恢复正常，则故障原因为系统硬件 FROM/SRAM 模块故障。

（3）更换伺服轴控制模块并进行伺服参数初始化，如果系统恢复正常，则故障原因为系统硬件伺服轴控制模块故障。

（4）如果经上面三步操作后故障还存在，那么就需更换系统母板。

3.4.1.2　系统 FSSB 报警 926#

A　系统检测原理

CNC 系统与伺服放大器及伺服放大器之间通过伺服串行总线 FSSB 进行数据及信息交换，当进行数据及信息交换的过程中出现错误数据、信息或信息中断时，系统发出 926#报警。

B　故障产生的原因

（1）系统与伺服放大器及伺服放大器与伺服放大器之间的连接光缆接触不良或折断。

（2）伺服放大器本身故障。

（3）伺服轴卡故障。

（4）系统母板不良。

C　故障诊断及处理方法

（1）检查伺服模块到伺服模块之间的连接光缆是否不良。

（2）检测第一个伺服模块与系统 CNC 之间的连接光缆是否不良。

（3）第一个伺服模块故障，可用后面的伺服模块对调来判别。

（4）如果以上故障排除后，系统还是出现报警，则为系统伺服轴卡故障。一般来讲，对于 FANUC 0i C 系统，通电的情况下因接触不良或折断会出现 926#报警；断电的情况下因接触不良或折断会出现 5136#报警。

3.4.1.3　935#报警

A　系统检测原理

ECC 检测法是一种检测 SRAM 存储的数据的方法，可用来取代传统的奇偶校验。使用 ECC 检测方法，把 8 位修正数据转换成 16 位修正数据，如果这些 16 位数据中有一位数据发生错误，错误数据会自动被修改为正确数据，允许 CNC 继续运行；如果有两位或两位以上数据发生错误，就产生报警。使用传统的奇偶检测方法，哪怕只有一位数据发生错误就会引发系统报警。

B　故障产生的可能原因

电池没电；外部原因造成 SRAM 内部数据遭到破坏；FROM/SRAM 模块或主板出现故障。

C　故障诊断及处理方法

(1) 系统电池电压（标准为 3 V）如果低于 2.6 V 就会产生电池报警，屏幕上会闪现“BAT”。如果产生了电池报警，则需要采用正确的方法更换电池。

(2) 将系统 SRAM 的数据全清后故障消失，则故障为系统的 SRAM 数据不良。

(3) 如果将存储器的数据全部清除并恢复后，故障还没消失，则需更换 FROM/SRAM 模。

(4) 如果以上方法都不能解决问题，则需更换 CPU 卡。

3.4.1.4　PMC 系统报警 950#

A　系统检测原理

系统 PMC 控制采用串行通信 I/O Link 形式与外装的 I/O 卡、I/O 模块进行通信，当传输的数据错误或 PMC 控制硬件故障时，系统发出该报警。

B　故障产生的原因

I/O Link 通信电缆受到外界干扰；硬件连接错误；I/O 设备故障；系统 PMC 控制故障。

C　故障诊断及处理方法

(1) 系统断电再重新上电，故障消失则为外界干扰所致。

(2) 检查 I/O Link 连接的电缆连接是否良好，排除不良故障。

(3) 检查 I/O Link 连接的设备是否正常，包括 I/O 设备的外部电源是否正常。

(4) 更换系统的 CPU 卡，因为 PMC 的控制是由系统的主 CPU 实现的。

(5) 更换系统的 CPU 卡后，故障还存在，需更换系统母板，原因是系统 PMC 控制模块是与系统母板做成一体的。

3.4.1.5　971 报警故障

故障原因：PMC 模块不良；I/O Link 中，连接的子单元（JDIA 与 JDIB）不良；I/O Link 中，连接的子单元的+24 V 不良；I/O Link 连接电缆断线或脱落。

3.4.1.6　系统开机时出现死机故障的实际诊断和处理

(1) 对 FROM/SRAM 模块进行格式化，即数据全清操作，然后重新装载系统文件和用户文件。若系统恢复正常状态，则故障为系统软件不良；若故障依旧，则故障为 FROM/SRAM 模块或主板故障，可通过更换法具体判别并进行更换。

(2) 系统开机不能进入系统引导画面，更换系统主 CPU 或主板。

如果是系统显卡或视频信号接口接触不良，更换显卡或系统主板。如果是系统开机后，机床可以移动，则为系统显示装置或灯管不良，进行相应的更换。

3.4.2　FANUC 0i D 系统常见报警故障诊断与处理

3.4.2.1　报警 OH0700（过热：控制单元）

原因：CNC 控制单元的环境温度过高或主板不良所致。

处理方法：CNC 的环境温度应在 0~58 ℃。

主板上安装有温度监控电路，当环境温度过高时，就会发生此报警。环境温度显然没有异常时，可能是主板不良。

3.4.2.2　报警 OH0701（过热：风扇电动机）

原因：风扇电动机出现异常，如 CNC 运行过程中风扇电动机停转时，发生此报警。

处理方法：风扇电动机安装在 CNC 控制单元的顶部。请按正确的方法更换电动机。

3.4.2.3　报警 SV5134（FSSB：打开准备超时）/报警 SV5137（FSSB：配置错误）/报警 SV5197（FSSB：打开超时）

原因：连接到 FSSB 的伺服放大器等的从控装置及光缆、轴卡不良，FSSB 报警见表 3-7。

处理方法：确认与 FSSB 相关的参数设定是否正确。确认连接于 FSSB 的伺服放大器电源是否正常。更换 CNC 侧的轴控制卡、光缆、伺服放大器，逐一更换连接于 FSSB 的光缆及伺服放大器，确定不良部位。

表 3-7　FSSB 报警

编号	信　息	内　容
5134	FSSB：打开准备超时	初始化时并没有使 FSSB 处于打开待用状态，可能是由于轴卡不良
5137	FSSB：配置错误	发生了 FSSB 配置错误。所连接的放大器类型与 FSSB 设定值存在差异
5197	FSSB：打开超时	虽然 CNC 容许 FSSB 打开，但是 FSSB 并未打开。确认 CNC 和放大器间的连接情况

3.4.2.4　报警 SV5136（FSSB：放大器数量不足）

原因和处理方法：相对于控制轴的数量，FSSB 上识别出的伺服放大器数量不够。

在伺服报警的状态下，显示 FSSB 设定画面的放大器设定画面。这里只显示出 FSSB 上识别的伺服放大器。

（1）可能是由于所识别的最后一个放大器与后面的放大器之间的连接光缆不良所致，也可能是由于该光缆连接的两端的某个放大器不良所致。对这些放大器的电源须全部确认。

（2）伺服放大器的电源异常。如果伺服放大器内的电源发生异常，会发生此报警。放大器控制电源电压降低，例如，脉冲编码器电缆的+5 V 接触器接地，就会出现电源异常。

（3）轴控制卡故障。可能是由于安装在 CNC 一侧的轴控制卡不良所致。

3.4.2.5　系统报警 401（外部总线地址非法）

报警说明：CNC 的总线上发生问题。

原因：可能是由于印制电路板不良或外来噪声的影响所致。

处理方法：更换所显示的可能性最大的不良部位；确认机床附近是否有噪声源，是否切实接地。

3.4.2.6　系统报警 403（总线存取超时）

报警说明：CNC 的总线上发生问题。

原因：可能是由于印制电路板不良所致。

处理方法：更换所显示的可能性最大的不良部位。

3.4.2.7　系统报警 404（数据 ECC 错误）

报警说明：CNC 的总线上发生问题。

原因：可能是由于印制电路板不良或外来噪声的影响所致。

处理方法：更换所显示的可能性最大的不良部位；确认机床附近是否有噪声源，是否切实接地。

3.4.2.8　系统报警 455（风扇异常）

报警说明：CNC 控制部的风扇发生了异常。

原因：可能是由于风扇不良所致。

处理方法：更换风扇。

3.4.2.9　系统报警 500（SRAM 数据错误）

报警说明：FROM/SRAM 模块与 SRAM 之间的数据传输没有正常进行。

原因：可能是由于模块不良、连接器接触不良所致。

处理方法：更换 FROM/SRAM 模块。在更换完之后仍然不能恢复时，应更换主板。

3.4.2.10　系统报警 502（电源噪声错误）

报警说明：CNC 的电源中发生了噪声或瞬断。

原因：电源系统异常。

处理方法：应查清并排除异常的原因。也可能是由于 SRAM 的数据被破坏所致。

3.4.2.11　与 I/O Link 相关的系统报警（SYS_ALM197）

报警说明：系统检测出 I/O Link 总线异常。

原因：系统 I/O 装置、DC 24 V 供电电源、I/O 装置的连接电缆及系统主板不良。

处理方法：更换故障部件。

3.4.2.12　系统报警 103（系统动态存储器 DRAM 校验错误）

报警说明：系统开机装载系统文件时出错。

原因：系统 CPU 不良、主板不良或受到干扰。

处理方法：更换系统主板。

3.4.2.13　系统报警 198（系统软件错误）

报警说明：系统开机装载系统文件时出错。

原因：系统软件损坏、FROM/SRAM 模块故障或系统主板不良。

处理方法：重新安装系统文件或更换故障部件。

3.4.3　常见维修小技巧

（1）更换电池时，一定要在数控系统通电状态下进行，这样才不会造成存储参数丢失。做好数据备份。电池一般需 1~2 年更换一次。

（2）机床故障与停机长短有关，停机时间长易出故障，通过换电池的方法可解决故障。

（3）RS232 口烧了换主板，系统必须接地。

（4）LCD 液晶屏暗的处理方法：换灯管。

（5）MDI 键盘一排键无效的故障原因：键盘连接的一根线断了。

（6）MDI 键盘所有键无效的故障原因及处理方法：插接不良，如果连接正常，则需更换存储板。

（7）MDI 键盘若只有一个按键无效：此按键本身坏了。

（8）系统开机，显示器黑屏故障：打开看灯丝是否亮。若灯丝亮，可能是插头松；若灯丝不亮，拔下插头看+24 V 电压是否接通；看保险丝是否正常；显示电路和显示器问题则需换板。

（9）断电再上电：断总电源，停几分钟后再上电。

（10）系统电源单元报警亮（绿色指示也亮）的故障原因：拔下电源单元，如果保险崩，说明电源内部有问题；若保险不崩，则说明机床问题。

（11）实现截屏（抓屏）的方法：系统处于 MDI 状态，插入 CF 卡；I/O 通道设为 4；3301.7 设为 1；选取所要的屏幕，按住“Shift”键不放，这时屏幕上的时钟显示开始不动，说明所截屏幕内容正在传向 CF 卡，当时钟再次显示动时，说明截屏工作已经结束，释放“Shift”键，完成截屏工作，CF 卡可以拔下。

（12）特殊组合功能键。

1）系统屏保。同时按下任一功能键和“CAN”键，开启系统屏保；再按下任一功能键，解除屏保。

2）同时按下“RESET”键和“CAN”键，可暂时解除系统的 100 号报警（参数写保护打开）。

3）同时按下“PROC”键和“DELET”键，系统上电可解除 101 号报警（系统在编辑程序存储时掉电）。

4）同时按下“RESET”键和“DELET”键，系统上电，可清除 SRAM 中的全部内容。注意事先做好数据备份。

5）按下“RESET”键，系统接通电源，可清除系统的参数、各种补偿值及 PMC 参数。

6）按下“DELET”键，系统接通电源，清除内存的全部加工程序。

7）在“EDT”下，同时按“EOB”键和“OUTPUT”键，输出 900 以上参数。

任务 3.5　刀架、刀库常见故障诊断与维修

3.5.1　自动换刀装置

自动换刀装置是数控车床、加工中心的重要组成部分，它的形式多种多样，目前常见的有如下几种。

3.5.1.1　可转位刀架

这是一种刀具储存装置，可以同时安装 4 把、6 把、8 把、12 把不等的刀具，主要用于数控车床，是数控车床中的一种专用的自动化机械。转位刀架不但可以储存刀具，而且在切削时要连同刀具一起承受切削力，在加工过程中完成刀具交换转位、定位夹紧等动作。

其中四工位电动刀架的工作原理是系统发出换刀信号，控制继电器动作，电动机正转，通过蜗轮、蜗杆、螺杆将销盘上升至一定高度时，离合销进入离合盘槽，离合盘带动离合销，离合销带动销盘，销盘带动上刀体转位；当上刀体转到所需刀位时，霍尔元件电路发出到位信号，电动机反转，反靠销进入反靠盘槽，离合销从离合盘槽中爬出，刀架完成粗定位；同时销盘下降端齿啮合，完成精定位，刀架锁紧。

电动刀架的电气控制分强电和弱电两部分，强电部分由三相电源驱动三相交流异步电动机正、反向旋转，从而实现电动刀架的松开、转位、锁紧等动作；弱电部分主要由位置传感器发讯盘构成；发讯盘采用霍尔传感器发讯。

3.5.1.2　更换主轴头换刀

在带有旋转刀具的数控机床中，更换主轴头是一种简单的换刀方式，主轴头通常有立式与卧式两种，而且常用转塔的转位来更换主轴头，以实现自动换刀。在转塔的各个主轴头上预先安装各工序所需要的旋转刀具。当发出换刀指令时，各主轴头依次旋转到加工位置，并接通主轴运动，使相应的主轴带动刀具旋转，而其他不处于加工位置的主轴都与主运动脱开。

3.5.1.3　带刀库的自动换刀系统

加工中心可以对工件完成多工序加工，在加工过程中需要自动更换刀具，自动换刀系统的主要指标是刀库容量，换刀可靠性和换刀时间。这些指标直接影响加工中心的工艺性能和工作效率。

加工中心的刀库按其形式可分为盘式刀库、链式刀库等，按换刀方法不同又分为有机械手换刀和无机械手换刀两种。刀库与机械手在机床上的各种布局、组合，使结构变化各异。选用何种结构形式，要由设计者根据工艺、刀具数量、主机结构、总体布局等多种因素决定。

无机械手换刀系统的优点是结构简单，换刀可靠性较高，成本低；缺点是结构布局受到了限制，刀库的容量少，换刀时间较长（10~20 s），因此多用于中小型加工中心。在有机械手的自动换刀系统中，刀库的容量、刀库的形式，布局等都比较灵活，机械手的配置形式也是多种多样的，可以是单臂的、双臂的，甚至可有主、辅机械手，换刀时间可以缩短到几秒，甚至零点几秒。

常用的选刀方式有顺序选刀和任意选刀，顺序选刀要求加工用刀具严格按加工过程中

使用的顺序放入刀库中，任意选刀的换刀方式可以有刀套编码、刀具编码和记忆等方式。目前在加工中心上绝大多数都使用记忆式的任选换刀方式。这种方式是刀具号和在刀库中的放置（地址）对应地记忆在数控系统的 PC 中，刀库上装有位置检测装置，刀具在使用中无论位置如何变化，数控系统总能追踪记忆刀具在刀库中的位置，这样刀具就可以从刀库中任意取出并送回。刀库中设有机械原点，每次选刀时，数控系统可以确定取刀最短路径，就近取刀，如圆盘刀库就不会在刀库旋转超过 180°的情况下选刀。

3.5.2　刀架、刀库及换刀常见故障与排除

刀架、刀库及换刀常见故障及排除见表 3-8。

表 3-8　刀架、刀库及换刀常见故障及排除

故障现象	故障原因	排除方法
换刀时刀架不转	电源相序接反（使电动机反向运转）或电源缺相	将电源相序调换
	PLC 程序出错，换刀信号没有发出	重新调试 PLC
换刀时刀架/刀库一直旋转	刀位信号没有到达	检查线路是否有误
	I/O 输入输出板出错	维修或更换
	检测信号的开关损坏	维修或更换
普通刀架不能锁紧	刀架反转信号没有输出	检查线路是否有误
	刀架锁紧时间过短	增加锁紧时间
	机械故障	重新调整机械部分
刀库换刀动作不能完成	松刀感应开关或电磁阀损坏或失灵	更换松刀感应开关或电磁阀
	压力不足，液压系统出现问题，液压缸因液压系统压力不足或漏油而不动作，或行程不到位	检查液压系统
	PLC 调试出错，换刀条件不能满足	重新调试 PLC，观察 PLC 的输入输出状态
	主轴系统出错	主轴驱动器是否报错
自动换刀时刀链运转不到位	液压系统出现问题，油路不畅通或液压阀出现问题	检查液压系统
	液压马达出现故障	检查液压马达是否正常工作
	刀库负载过重，或者有阻滞的现象	检查刀库装刀是否合理
	润滑不良	检查润滑油路是否畅通，并重新润滑
刀具夹紧后不能松开，主轴刀柄取不下来	松刀力不够	调整机械部分
	气液压阀松或拉力气缸损坏	维修或更换
	拉杆行程不够或拉杆位置变动	调整机械部分
	7：24 锥为自锁与非自锁的临界点	重新调整
	刀具松夹弹簧压合过紧	调整刀具松夹弹簧
	液压缸压力和行程不够	对液压缸进行检查

续表 3-8

故障现象	故障原因	排除方法
刀具不能夹紧主轴，不能拉上刀柄	拉杆行程不够	对拉杆进行调整
	松刀接近开关位置变动	调整接近开关的位置
	拉杆头部损坏	更换拉杆
	阀未动作、卡死或者未上电	检查阀是否有动作或有电输出
	拉钉未拧紧或者型号选择不正确	检查拉钉并更换
	多形弹簧位移量太小	调整蝶形弹簧
	刀具松夹弹簧上螺母松动	紧固螺母

注：数控系统在换刀时，换刀信号已经发出，控制刀架电动机的接触器也已经闭合，如果现在刀架电动机不运转，有可能是因为刀架电动机电源缺相；另一个原因有可能是刀架电动机正反转信号接反，因为普通经济型车床所使用的刀架是通过刀架电动机的正反转来进行选刀，并进行锁紧等动作，一般的工作顺序是刀架首先正转进行选择刀具，刀具选择到位后，电动机再进行反转，把所选择的刀具进行锁紧，整个换刀过程才结束。如果刀架电动机电源的相序接反或者是所发出的正反转信号相反，那么数控系统选择刀具时所发出的是刀架电动机正转信号，刀架电动机此时的运动状态恰好是反转锁紧，所以刀架电动机就会静止不动，一直处在锁紧状态。此时将刀架电动机的电源线任换两组，或者是将 PLC 的刀架输出信号相互调节一下，故障即可消除。

习　题

3-1　简述数控系统常用电池及作用。

3-2　某 FANUC 数控铣床开机后，显示系统 FSSB 报警 926#，试分析可能的原因并给出解决方案。

3-3　简述如何通过参数来设定各轴正负方向行程极限的坐标值。

3-4　如果在设置参数时，参数无法写入，可能的原因是什么？

3-5　当发出换刀指令后，刀架一直旋转直至换刀时间结束，这是由什么原因造成的，如何解决？

项目 4　主轴驱动系统故障诊断与维修

课 程 思 政

陈左宁，中国超级计算机领域的杰出专家。在超算技术被国外垄断的时代背景下，她毅然投身于这一关键领域的科研攻坚。面对诸多技术瓶颈与国外的技术封锁，陈左宁带领团队迎难而上。他们从基础架构研究起步，突破芯片互联、散热等关键技术难题，自主研发出高性能的计算芯片与先进的并行算法，使我国超级计算机在运算速度、能效比等方面达到世界领先水平。陈左宁不满足于既有成果，持续探索超算在人工智能、大数据处理等新兴领域的融合应用，不断拓展超算的边界。她的创新精神让中国超算从无到有、从弱到强，在全球科技竞争中占据重要地位，激励着我们在科技创新的道路上，勇于突破，开拓进取，以创新驱动助力国家发展。

（来源于清华新闻网）

知识目标

（1）掌握基本概念：了解主轴驱动系统的组成、工作原理。

（2）熟悉控制方式：掌握主轴驱动系统的不同控制方式，如模拟量控制、串行数字控制等，以及各控制方式的特点和适用场景。

（3）理解故障原因：理解各类故障产生的原因，包括电气方面的原因（如电源故障、控制电路故障、电动机故障、编码器故障等）和机械方面的原因（如机械传动部件磨损、间隙过大、润滑不良等）。

（4）掌握检测方法：掌握主轴驱动系统故障的检测方法和工具的使用，如万用表、示波器、测速仪等仪器的使用，以及通过观察主轴的工作状态、听取运行声音、测量电动机的电压、电流、电阻等参数来判断故障。

（5）牢记维修流程：牢记主轴驱动系统故障维修的基本流程和方法，包括故障的初步判断、逐步排查、确定故障点、进行修复或更换故障部件、调试和验证等环节。

能力目标

（1）故障诊断能力：能够根据主轴驱动系统出现的故障现象，运用所学的知识和方法，准确地判断故障的类型和可能的原因，并确定故障的具体位置。

（2）维修操作能力：熟练掌握主轴驱动系统故障维修的操作技能，如电动机的拆装、维修和更换，变频器的调试和维修，编码器的检测和更换，机械传动部件的调整和修复等。

（3）应急处理能力：在主轴驱动系统出现突发故障时，能够迅速采取有效的应急措施，防止故障的扩大和蔓延，保障设备和人员的安全。

（4）综合分析能力：能够对主轴驱动系统的故障进行综合分析，考虑电气和机械等多方面的因素，制定合理的维修方案，并能够对维修后的主轴驱动系统进行性能评估和总结。

（5）团队协作能力：在主轴驱动系统的故障诊断与维修过程中，能够与其他同学进行有效的沟通和协作，共同完成故障的排除和设备的修复工作。

任务 4.1　主轴驱动系统概述

主轴驱动系统是在数控系统中完成主运动的动力装置部分。主轴驱动系统通过传动机构转变成主轴上安装的刀具或工件的切削力矩和切削速度，配合进给运动加工出理想的零件。主轴的运动是零件加工的成形运动之一，其精度对零件的加工精度有较大的影响。

4.1.1　数控机床对主轴驱动系统的要求

数控机床的主轴驱动系统和进给驱动系统有较大的差别。数控机床主轴的工作运动通常是旋转运动，不像进给驱动系统需要丝杠或其他直线运动装置做往复运动。数控机床通常通过主轴的回转与进给轴的进给实现刀具与工件的快速相对切削运动。在 20 世纪 60~70 年代，数控机床的主轴一般采用三相感应电动机配多级齿轮变速箱实现有级变速的驱动方式。随着刀具技术、生产技术、加工工艺以及生产效率的不断发展，上述传统的主轴驱动已不能满足生产的需要。现代数控机床对主轴传动提出了以下更高的要求。

4.1.1.1　调速范围宽并实现无级调速

这是为了保证加工时选用合适的切削用量，以获得最佳的生产率、加工精度和表面质量。特别是具有自动换刀功能的数控加工中心，为适应各种刀具、工序和各种材料的加工要求，对主轴的调速范围要求更高，要求主轴能在较宽的转速范围内根据数控系统的指令自动实现无级调速，并减少中间传动环节，简化主轴箱。

目前主轴驱动装置的恒转矩调速范围已可达 1∶100，恒功率调速范围也可达 1∶30，一般过载 1.5 倍时可持续工作 30 min。

主轴变速分为有级变速、无级变速和分段无级变速三种形式，其中有级变速仅用于经济型数控机床，大多数数控机床均采用无级变速或分段无级变速。在无级变速中，变频调速主轴一般用于普及型数控机床，交流伺服主轴则用于中、高档数控机床。

4.1.1.2　恒功率范围宽

主轴在全速范围内均能提供切削所需功率，并尽可能在全速范圈内提供主轴电动机的最大功率。由于主轴电动机与驱动装置的限制，主轴在低速段均为恒转矩输出。为满足数控机床低速、强力切削的需要，常采用分段无级变速的方法（即在低速段采用机械减速装置），以扩大输出转矩。

4.1.1.3　具有 4 象限驱动能力

要求主轴在正反向转动时均可进行自动加、减速控制，并且加、减速时间要短。目前一般伺服主轴可以在 1 s 内从静止加速到 6000 r/min。

4.1.1.4　具有位置控制能力

即具有进给功能（C 轴功能）和定向功能（准停功能），以满足加工中心自动换刀、刚性攻丝、螺纹切削以及车前中心的某些加工工艺的需要。

4.1.1.5　具有较高的精度与刚度，转动平稳，噪声低

数控机床加工精度的提高与主轴系统的精度密切相关。为了提高传动件的制造精度与刚度，采用齿轮传动时齿轮齿面应采用高频感应加热淬火工艺以增加耐磨性，最后一级一般用斜齿轮传动，使传动平稳。采用带传动时应采用齿型带。为提高主轴的组件的刚性，

应采用精度高的轴承及合理的支撑跨距。在结构允许的条件下，应适当增加齿轮宽度，提高齿轮的重叠系数。变速滑移齿轮一般都用花键传动，采用内径定心。侧面定心的花键对降低噪声更为有利，因为这种定心方式传动间隙小。接触面大，但需要采用专门的刀具和花键磨床加工。

4.1.1.6　良好的抗振性和热稳定性

数控机床加工时，可能由持续切削、加工余量不均匀、运动部件不平衡以及切削过程中的自振等引起冲击力和交变力，使主轴产生振动，影响加工精度和表面粗糙度，严重时甚至可能损坏刀具和主轴系统中的零件，使其无法工作。主轴系统的发热使其中的零部件产生热变形，降低传动效率，影响零部件之间的相对位置精度和运动精度，从而造成加工误差。因此，主轴组件要有较高的固有频率，较好的动平衡，且要保持合适的配合间隙，并要进行循环润滑。

4.1.2　不同类型的主轴系统的特点和使用范围

4.1.2.1　普通鼠笼式异步电动机配齿轮变速箱

这是最经济的一种主轴配置方式，但只能实现有级调速。由于电动机始终工作在额定转速″*F*，经齿轮减速后，在主轴低速下输出力矩大，重切削能力强，非常适合粗加工和半精加工的要求。如果加工产品比较单一，对主轴转速没有太高的要求，配置在数控机床上也能起到很好的效果；它的缺点是噪声比较大，由于电动机工作在工频下，主轴转速范围不大，不适合有色金属切削和需要频繁变换主轴速度的加工场合。

4.1.2.2　普通鼠笼式异步电动机配简易型变频器

可以实现主轴的无级调速，主轴电动机只有工作在 500 r/min 以上时才能有比较满意的力矩输出，否则，特别是车床很容易出现堵转的情况；一般采用两挡齿轮或皮带变速，但主轴仍然只能工作在中高速范围。另外，因为受到普通电动机最高转速的限制，主轴的转速范围受到较大的限制。

这种方案适用于需要无级调速但对低速和高速都不要求的场合，例如数控钻铣床。目前，国内生产的简易型变频器品种较多。

4.1.2.3　普通鼠笼式异步电动机配通用变频器

目前进口的通用变频器，除具有 *U/f* 曲线调节外，一般还具有无反馈矢量控制功能，会对电动机的低速特性有所改善；配合两级齿轮变速，基本上可以满足车床低速（100~200 r/min）小加工余量的加工，但同样受电动机最高转速的限制。这是目前经济型数控机床比较常用的主轴驱动系统。

4.1.2.4　专用变频电动机配通用变频器

一般采用有反馈矢量控制，低速甚至零速时都可以有较大的力矩输出，有些还具有定向甚至分度进给的功能，是非常有竞争力的产品。以先马 YPNC 系列变频电动机为例：电压，三相 200 V、220 V、380 V、400 V 可选；输出功率，1.5~18.5 kW；变额范围，2~200 Hz；30 min 150%过载能力：支持 V/f 控制、V/f+PG（编码器）控制、无 PG 矢量控制、有 PG 矢量控制。提供通用变频器的厂家以国外公司为主，如西门子、安川、富士、三菱、日立等。

中档数控机床主要采用这种方案，主轴传动两挡变速甚至仅一挡即可实现转速在

100~200 t/min 时车、铣的重力切削。一些有定向功能的还可以应用于要求精镗加工的数控镗铣床；应用在加工中心上，还不很理想，必须采用其他辅助机构完成定向换刀的功能，而且也不能达到刚性攻丝的要求。

4.1.2.5　伺服主轴驱动系统

伺服主轴驱动系统具有响应快、速度高、过载能力强的特点，还可以实现定向和进给功能，当然价格也是最高的，通常是同功率变频器主轴驱动系统的 2 倍以上。伺服主轴驱动系统主要应用于加工中心上，用以满足系统自动换刀、刚性攻丝、主轴 C 轴进给功能等对主轴位置控制性能要求很高的加工。

4.1.2.6　电主轴

电主输是主轴电动机的一种结构形式，驱动器可以是变频器或主轴伺服，也可以不要驱动器。由于电主轴将电动机和主轴合二为一，没有传动机构。因此大大简化了主轴的结构，并且提高了主轴的精度，但是抗冲击能力较弱，而且功率还不能太大，一般在 10 kW 以下。由于结构上的优势，电主轴主要向高速方向发展，一般在 10000 r/min 以上。

安装电主轴的机床主要用于精加工和高速加工，例如高速精密加工中心。另外，在雕刻机和有色金属以及非金属材料加工机床上应用较多。这些机床由于只对主轴高转速有要求，因此，往往不用主轴驱动器。

4.1.3　主轴速度控制方式

4.1.3.1　主轴速度 CNC 控制方式

CNC 系统把编程的 S 指令和主轴倍率的乘积转换成 4095 代码，与主轴最高转速配合后输出 0~10 V 模拟量信号或 0~16383 数值的数字信号，如图 4-1 所示。FANUC 16/16i/18/18i/0i/0i Mate 系统速度输出代码地址为：F36.0~F37.3。

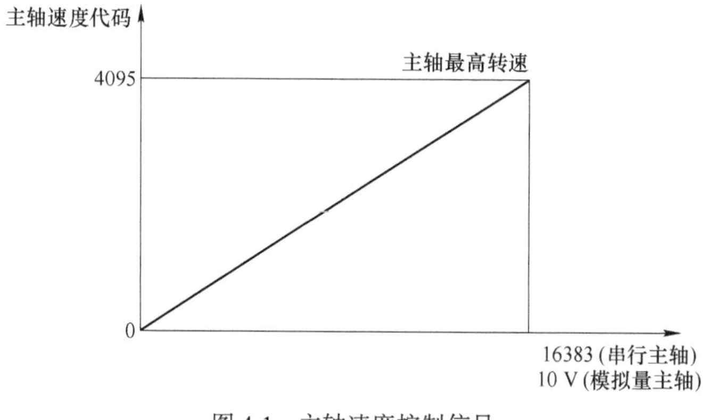

图 4-1　主轴速度控制信号

4.1.3.2　主轴速度 PMC 控制方式

将主轴速度编制在系统 PMC 程序中，通过机床面板上的主轴倍率开关选择设定的几种速度，主要用于主轴点动状态下主轴正转/反转的速度控制。

数控机床主轴点动速度设为 PMC 轴控制的优点：机床开机不用输入主轴速度 s 值就可以运行；由运行状态切换到主轴点动时不受运行时的速度控制（如最高切削速度）；可以通过主轴倍率开关实施主轴点动速度的修调。

FANUC 16/16i/18/18i/0i/0i Mate 系统信号地址：主轴速度 PMC 控制信号地址为 G33.7，速度信号地址为 G32.0~G33.3。

4.1.4 数控机床主轴常用控制功能的术语

4.1.4.1 主轴速度信号串行输出/模拟输出

主轴速度控制信号有两种接口：一种是按串行数字方式传送数据（CNC 主轴速度指令）的接口，称为主轴串行输出；另一种是按输出模拟电压量（0~10 V）作为主轴速度指令的接口，称为主轴模拟量输出。

主轴速度信号是串行数字输出还是模拟量输出是由系统参数决定的。FANUC 16/16i/18/18i/21/21i/0i/0i Mate 系统参数为 3701#1（1 为模拟量主轴、0 为串行数字主轴）。

4.1.4.2 主轴定向控制

主轴定向控制又称主轴准停控制，即系统接收到主轴定向指令时，主轴自动按规定的方向和速度旋转，当检测到主轴一转信号后，主轴旋转一个固定的角度后准确停止。

数控机床主轴定向控制的一转信号有三种，即主轴位置编码器一转信号，主轴外部一转信号（如接近开关）和主轴电动机内装传感器的一转信号。三种方式的选择由系统参数设定。

FANUC 16/16i/18/18i/21/21i/0i/0i Mate 系统参数：

主轴位置编码器定向控制的系统参数为 4002#1，设定为 1。

主轴外接一转信号（接近开关）定向控制的系统参数为 4004#2，设定为 1。

主轴电动机内装传感器的一转信号定向控制的系统参数为 4002#0，设定为 1。

4.1.4.3 刚性攻螺纹

攻螺纹操作不使用浮动夹头，而是由主轴的回转与攻螺纹进给轴的同步运行实现。主轴转一转，攻螺纹轴进给一个螺距。要实现刚性攻螺纹，就要求用户编制相应的梯形图，设定有关的系统参数，刚性攻丝代码为 M29。FANUC 16/16/18/18i/21/21/0i/0i Mate 系统主轴刚性攻丝信号地址为 C61.0。

4.1.4.4 主轴 C 轴控制

数控机床主轴 C 轴控制是指主轴实现准确的位置控制及进给伺服轴的插补控制，完成任意曲线和轮廓的加工，比如多功能数控车床实现对工件螺旋槽的加工。根据机床的配置不同，主轴 C 轴控制分为 C1 控制和 C2 控制两种。

C1 控制：主轴的回转位置（转角）控制和其他进给轴一样由进给伺服电动机实现。该轴与其他进给轴联动进行插补，加工任意曲线，一般在多轴加工数控机床中采用。

C2 控制：主轴的回转位置（转角）控制不是由进给伺服电动机而是由主轴电动机实现的。主轴的位置（角度）由装于主轴（不是主轴电动机）上的高分辨率编码器检测，此时主轴是作为进给伺服轴工作，运动速度为“度/分”，并可与其他进给轴一起进行插补，加工出轮廓曲线。FANUC 16/16/18/18i/21/21i/0i/0i Mate 系统主轴 C，控制信号地址为 G27.7。

任务 4.2　模拟主轴驱动系统及典型故障诊断

目前作为主轴驱动装置的变频器主要有日本的安川变频器（VS616G5/G7）、三菱变频器（FR-A540），德国西门子通用变频器（MM440），韩国的变频器（LG5）以及国产的变频器。

4.2.1　通用变频器的组成及端子功能

4.2.1.1　变频器主电路工作原理及接线

变频器主电路的功能是把固定频率（50 Hz/60 Hz）的三相交流电转换成频率连续可调（0~400 Hz）的三相交流电。主电路包括交—直电路、直—交电路、制动单元电路。图 4-2 所示为安川 G7 变频器主电路原理图。

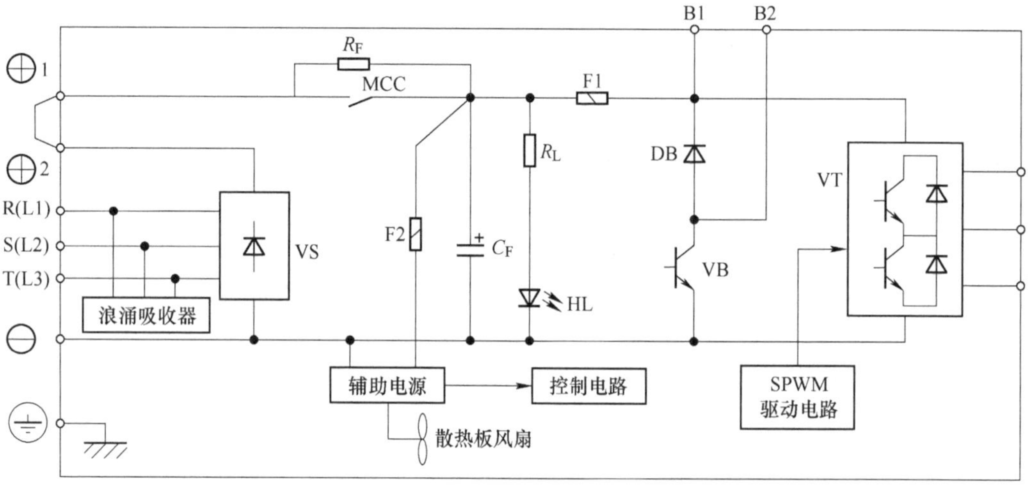

图 4-2　安川 G7 变频器主电路原理图

A　交—直电路

三相交流电通过变频器的电源接线端（R、S、T）输入到变频器内，利用整流器 VS 把交流转化成直流电，再经滤波电容 C 获得直流电压。当电容 C_p 两端电压达到基准值时，辅助电源动作，输出各种直流控制电压。控制电路正常时，直流继电器 MCC 获电，常开点闭合，短接掉电容充电限流电阻 R_p，从而完成交—直电路的工作。

B　直—交电路

由逆变块 VT 组成，作用是将直流电压逆变成频率可调的交流电压。具体工作是把交—直电路的直流电压经过短路保护熔断器 F1 加到逆变块 VT，再通过 SPWM 驱动电路控制逆变块输出频率可调的三相交流电。

变频器输入接线实际使用时的注意事项。

（1）根据变频器输入规格选择正确的输入电源。

（2）变频器输入侧采用断路器实现保护，其断路器的整定值应按变频器的额定电流选择。

(3) 变频器三相电源实际接线无须考虑电源的相序。

(4) 1 和 2 用来接直流电抗器，不接时，必须把 1 和 2 短接。

(5) 指示灯 HL 不仅作为直流电压的显示装置，而且维修时作为变频器是否有电的标志。

变频器输出接线实际使用时的注意事项。

(1) 输出侧接线须考虑输出电源的相序。

(2) 绝不允许把变频器的电源线接到变频器的输出端。

(3) 变频器输出端直接与电动机相连，不加接触器和热继电器。

C　制动单元电路

中小容量变频器采用内装制动单元和外接制动电阻的方式，大容量变频器采用外接制动单元和外接制动电阻的方式。制动单元和制动电阻的作用是实现电动机快速制动，防止电动机在降速或制动过程中变频器出现过电压。制动单元电路由开关管 VB、二极管 DB 及 BI、B2 外接制动电阻 R_u 组成。外接制动电阻的功率与阻值应根据电动机的额定电流和工作情况选择。

4.2.1.2　数控机床主轴变频调速的应用

CNC 系统到变频器的信号包括主轴正、反转信号，系统故障输入信号，系统复位信号，主轴电动机速度模拟量信号，主轴点动信号，主轴速度加速信号和主轴减速信号。变频器到 CNC 系统的信号（通过系统的 PMC）包括变频器故障输入信号，主轴速度到达信号，主轴零速信号。

CNC 系统变频器机床间的信号如图 4-3 所示。

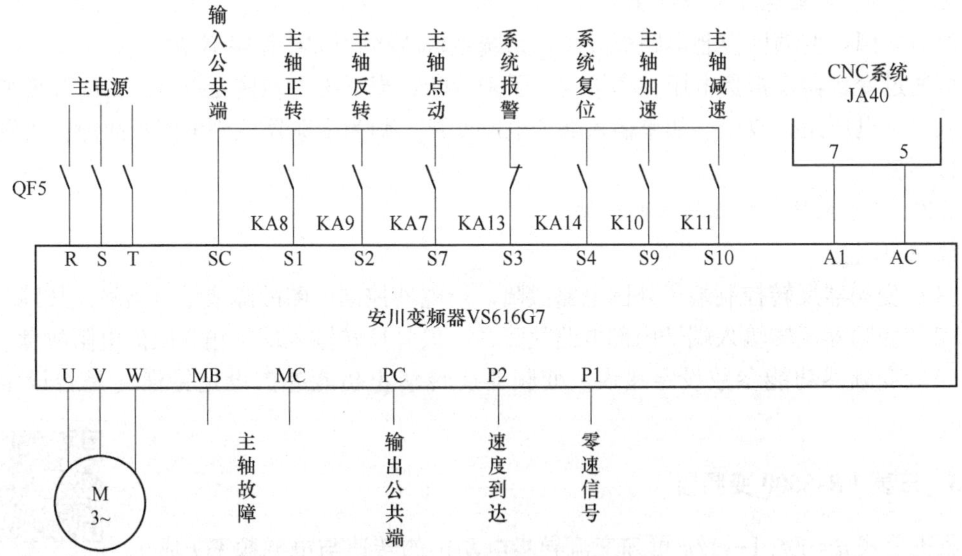

图 4-3　CNC 系统变频器机床间的信号

4.2.2　数控机床主轴变频调速控制过程中的常见故障及诊断

4.2.2.1　变频器报警导致系统急停

当变频器检测出故障时，在数字操作器上显示该报警内容，并停止变频器输出。模拟量主轴故障信号发出时，可根据变频器的报警信息判定故障的产生原因。

故障原因：电压故障报警、电流故障报警、散热板片过热、电动机过载、功能参数设定错误报警、外部端子异常信号输入故障以及变频器本身硬件或软件故障。

4.2.2.2　主轴速度与指令速度有偏差

故障原因与处理。

（1）系统主轴换挡参数设定与实际主轴传动不符，修改参数 3741、3742 和 3743。

（2）变频器的最高频率设定与实际主轴传动系统不符，修改变频器功能码参数。

（3）变频器控制电路板不良。

（4）系统主板不良，更换。

4.2.2.3　主轴电动机不能运行

故障原因：系统故障、变频器和外围控制电路故障以及电动机故障。

（1）系统故障。通过检测变频器模拟量输入端子是否有电压输入进行判别，当变频器的输入模拟量电压频率给定端子电压为零时，说明系统故障。系统故障原因有：系统参数设定错误（FANUC 0i/0i Mate 系统参数 3701#1 设定“1”为模拟量主轴、设定“0”为串行数字主轴）；系统连接电缆或插头不良；系统主板不良。

（2）变频器及外围控制电路故障。原因有：变频器功能参数设定错误；变频器输入控制端子的控制电路故障（如 KA8 和 KA9 继电器控制电路及继电器的触点故障）；变频器控制电路板的故障（变频器正转和反转输入接口故障，一般是输入的限流电阻故障）；变频器主电路的模块损坏。

（3）电动机故障。电动机主电路接线不良及电动机本身故障。

4.2.2.4　主轴速度不能改变

故障原因：变频器控制电路板故障；系统主板故障；PMC 程序不良。

可通过变顿器模拟量电压频率给定端子来诊断，当系统主轴速度指令改变时，看变频器输入端子电压是否改变。如果输入端子电压变化，则为变频器控制电路板故障，否则系统主板不良。

4.2.2.5　主轴只能正转不能反转

故障原因：

（1）变频器反转控制端子外围电路故障。继电器控制电路故障或继电器触点故障。

（2）变频器反转输入端子内部电路故障，一般是反转输入端子输入限流电阻故障。

（3）变频器功能参数设定错误。变频器反转禁止功能参数设定错误（是否设定为“0”）。

4.2.3　三菱 FR-S500 变频器

变频器参数设置

根据公式 $n=60f(1-s)/p$ 可知交流异步电动机的转速与电源频率 f 成正比、与电动机的极对数成反比，改变电动机的频率可调节电动机的转速。通常为了保证在一定的调速范围内保持电动机的转矩不变，在调节电源频率 f 时，必须保持磁通 $\boldsymbol{\phi}$ 不变，由公式 $U \approx E = 4.44fWK\boldsymbol{\phi}$ 可知，$\boldsymbol{\phi} \propto U/f$，改变频率 f 的同时改变电源电压 U，可以保持磁通 $\boldsymbol{\phi}$ 不变。目前大部分变频器都采用了上述原理，即用同时改变 f 和 U 的方法来实现对电动机转速 n 的调速控制，并使得输出扭矩在一定范围内保持不变。

如图 4-4 所示，三菱公司生产的 FR-S500 变频器是具有免测速机矢量控制功能的通用

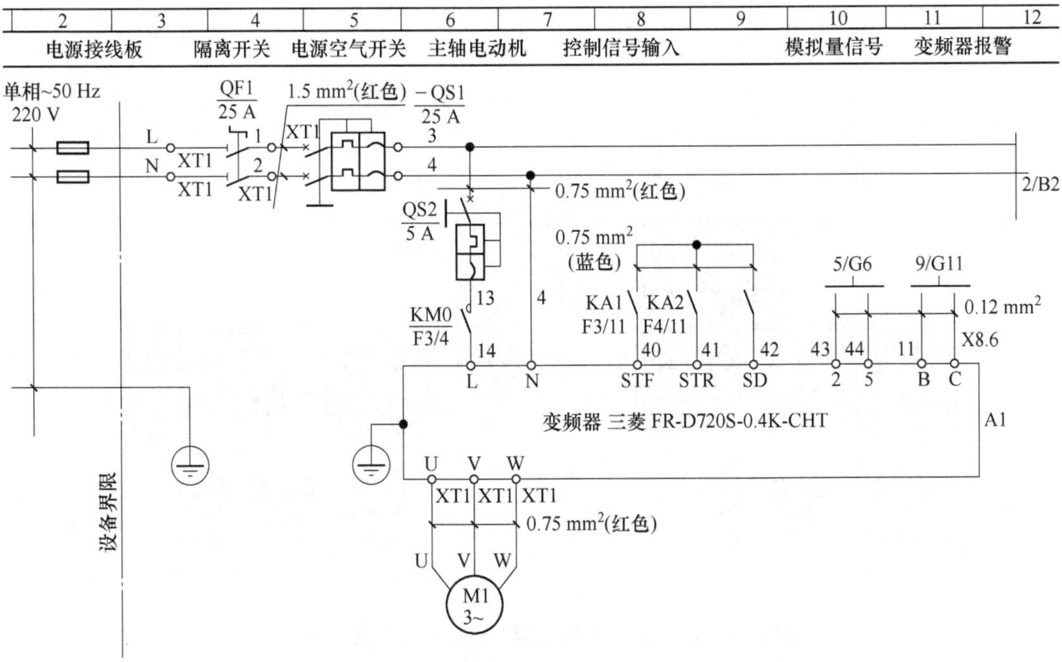

图 4-4　三菱 FR-S500 变频器电气原理

型变频器。它可以计算出所需输出电流及频率的变化量以维持所期望的电动机转速，而不受负载条件变化的影响。通常交流变频器将普通电网的交流电能变为直流电能，再根据需要转换成相应的交流电能，驱动电动机运转。电动机的运转信息可以通过相应的传感元件反馈至变频器进行闭环调节。

4.2.3.1　FR-S500 变频器电源及电动机强电接线

变频器控制主轴正反转电气原理如图 4-5 所示，FR-S500 变频器电源及电动机强电接线端子如图 4-6 所示。

变频器电源接线位于变频器的左下侧，单相交流电 AC 220 V 供电，接线端子 L1、N 及接地 PE。变频器电动机接线位于变频器的右下侧，接线端子 U、V、W 及接地 PE 引线接三相电动机。

注意：电源进线及电动机接线均为交流高电压，请在接通电源之前或在通电工作中确信变频器的盖子已经盖好，以防触电！

4.2.3.2　FR-S500 变频器弱电控制接线

FR-S500 变频器弱电控制接线端子如图 4-7 所示。

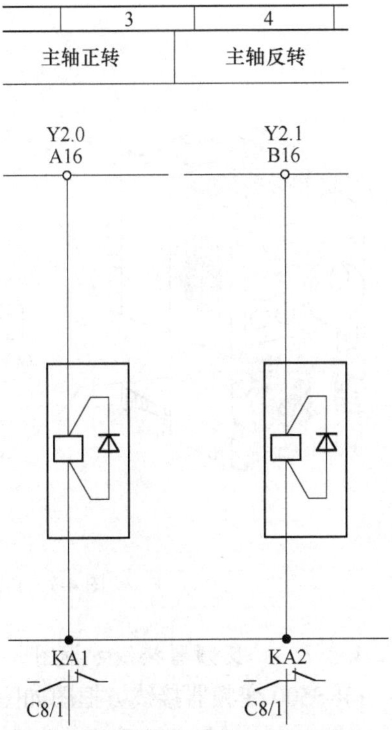

图 4-5　变频器控制主轴正反转电气原理

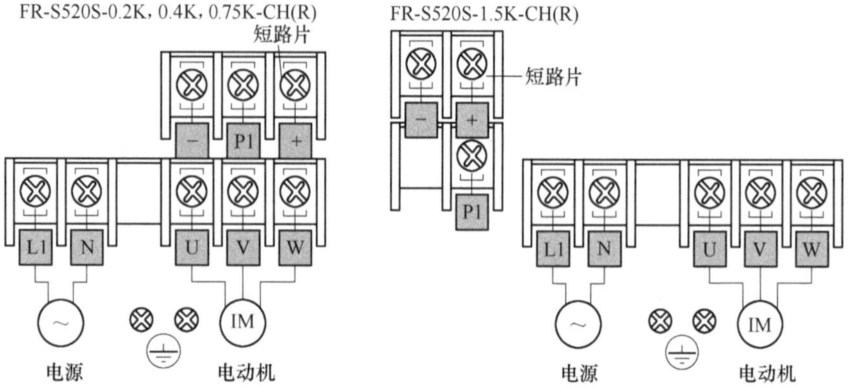

图 4-6　FR-S500 变频器电源及电动机强电接线端子

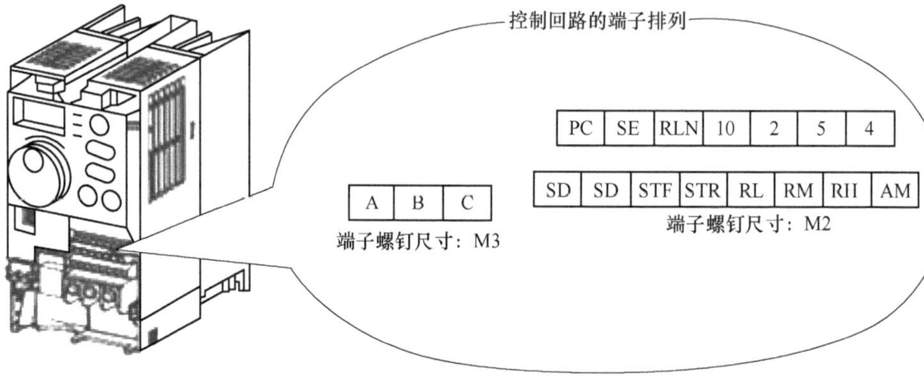

图 4-7　FR-S500 变频器弱电控制接线端子

4.2.3.3　变频器接线方框图

FR-S500 变频器接线方框图如图 4-8 所示。

4.2.3.4　三菱变频器的功能参数

三菱变频器的功能参数见表 4-1。

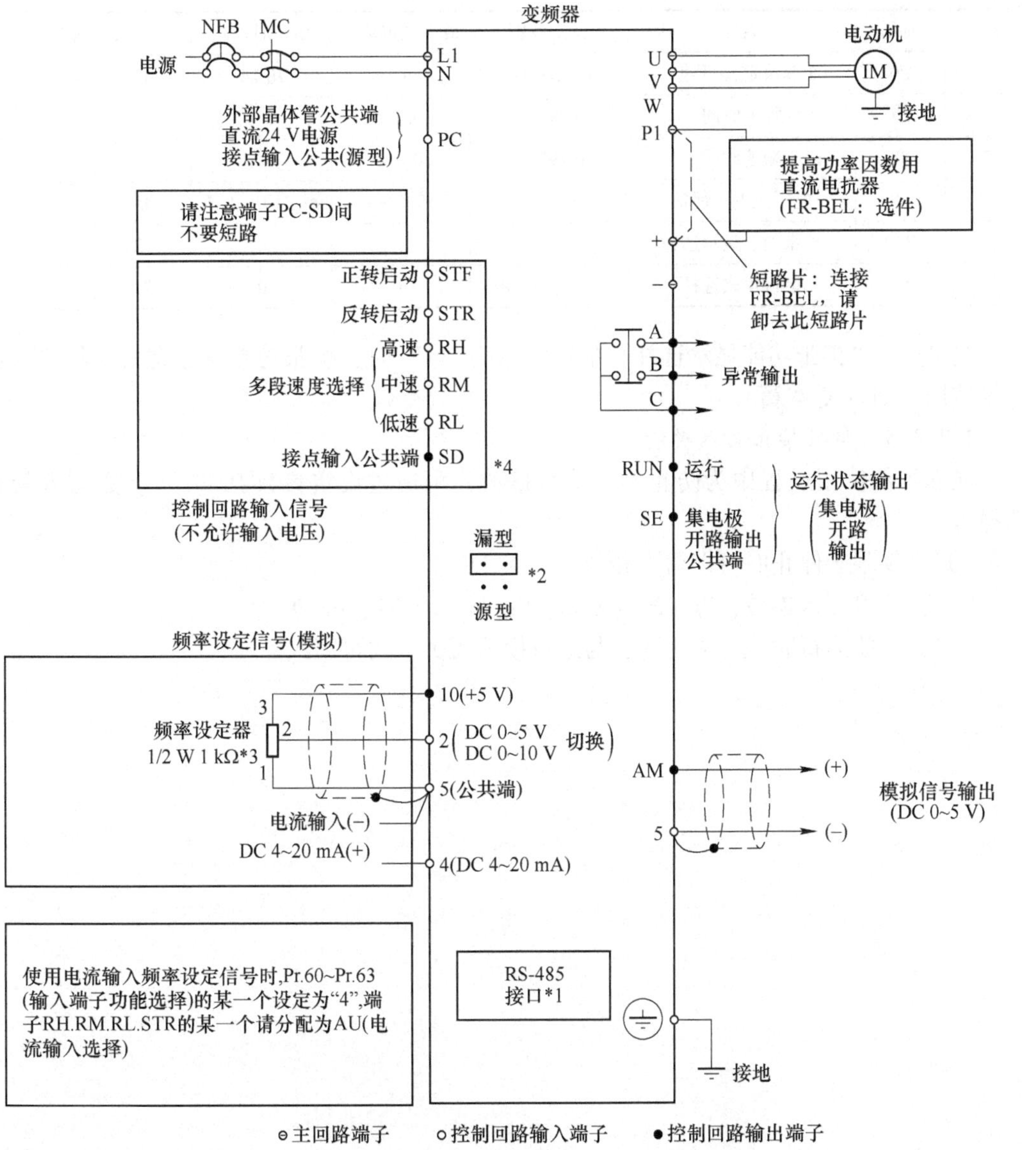

图 4-8　FR-S500 变频器接线方框图

表 4-1　三菱变频器的功能参数

参数	显示	名称	设定范围	最小设定单位	出厂时设定	参照页	客户设定值
0	P0	转矩提升	0~15%	0.1%	6%	39	
1	P1	上限频率	0~120 Hz	0.1 Hz	50 Hz	40	
2	P2	下限频率	0~120 Hz	0.1 Hz	0 Hz	40	
3	P3	基波频率	0~120 Hz	0.1 Hz	50 Hz	41	
4	P4	3 速设定（高速）	0~120 Hz	0.1 Hz	50 Hz	42	
5	P5	3 速设定（中速）	0~120 Hz	0.1 Hz	30 Hz	42	

续表 4-1

参数	显示	名称	设定范围	最小设定单位	出厂时设定	参照页	客户设定值
6	P6	3 速设定（低速）	0~120 Hz	0. 1 Hz	10 Hz	42	
7	P7	加速时间	0~999 s	0. 1 s	5 s	43	
8	P8	减速时间	0~999 s	0. 1 s	5 s	43	
9	P9	电子过电流保护	0~50 A	0. 1 A	额定输出电流	45	
30	P30	扩张功能显示选择	0，1	1	0	52	
79	P79	运行模式选择	0~4，7，8	1	0	78	

当 Pr. 30“扩张功能显示选择”的设定值为“1”时，扩张功能参数有效，具体参数详见使用手册（基本篇）。

4. 2. 3. 5　参数禁止写入功能

在变频器使用过程中为防止参数值被修改，可通过设定参数 Pr. 77“参数写入禁止选择”。

“0”：仅限于停止时可以写入参数。

“1”：不可写入参数，Pr. 22、Pr. 30、Pr. 75、Pr. 77、Pr. 79。

“2”：即使运行时也可以写入，与运行模式无关，均可写入。

任务 4.3 串行数字主轴驱动装置及常见故障诊断

4.3.1 FANUC 系统串行主轴电动机

4.3.1.1 FANUC 系统主轴电动机系列

FANUC 系统应用的串行主轴电动机有 α/xi 系列、βi/βiS 系列。α/xi 系列是标准型、αP/αPi 系列是广域恒功率型、αC/αCi 系列是经济型、αL/αLi 系列是强制冷却型、α(HV)/α(HV)i 系列是高电压输入型。xLi 系列最高输出转速为 20000 r/min，α(HV)i 系列最大额定输出功率可达 100 kW，可满足绝大多数数控机床的要求。

4.3.1.2 FANUC 系统主轴电动机内部结构

FANUC 系统主轴电动机（见图 4-9）为异步调速，跟普通异步电动机结构相似。为便于散热，定子铁芯上有冷却通道，可采用风冷和油冷，一般都采用冷却风扇散热。实际维护时要定期进行清理，否则容易引起电动机过热。定子绕组通常采用Y接形式，通过电动机接线盒与主轴模块连接。实际接线要注意：因电动机电压等级有标准型（额定电压 200 V）和高压型（额定电压 400 V）两种，要根据系统主轴驱动的电压等级进行接线；主轴电动机的接线端子与主轴驱动装置的端子相序要一致，即 U-U、V-V、W-W，否则电动机不转并报警。电动机绕组的过热检测是靠安装在定子端盖上的热敏电阻实施监控的，通过检测定子绕组端部的温度来确定电动机温度。电动机绕组温度改变时，热敏电阻的阻值发生变化，通过主轴驱动装置内部监测电路监控这一变化值，当电动机实际温度超过标准设定值时，通过主轴驱动装置把信息传递给系统，系统立即停止主轴速度控制输出，并发出主轴电动机过热报警。

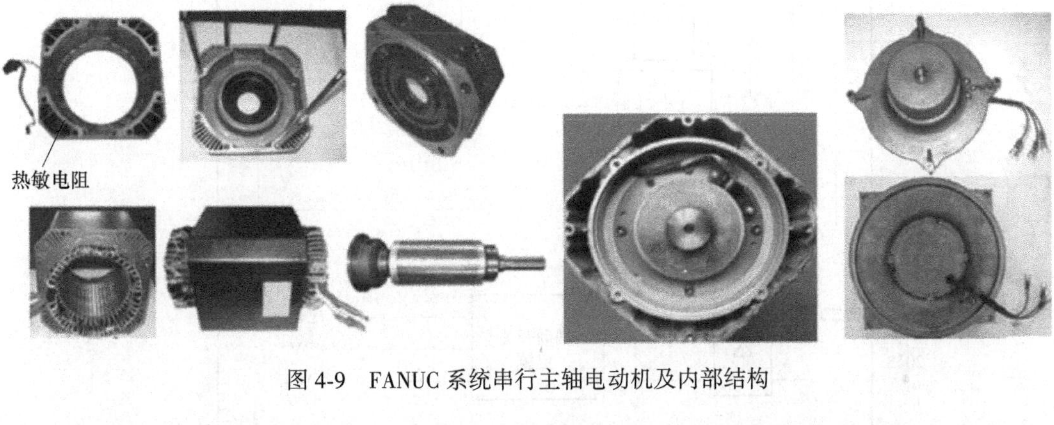

图 4-9 FANUC 系统串行主轴电动机及内部结构

电动机内部传感器的作用：当数控机床主轴没有位置传感器时，传感器用于实现主轴速度和位置反馈控制；当数控机床主轴安装了位置传感器（如主轴独立编码器）时，传感器用于实现主轴电动机闭环电流矢量控制。电动机的传感器实际是磁电式速度传感器。

电动机内装速度传感器有两种类型：一种是不带电动机一转信号的速度传感器 M/Mi 系列，适用于主轴准停信号是由主轴的一转信号装置（接近开关）发出时的情况；另一种是带电动机一转信号的速度传感器 MZ/MZi 系列，适用于主轴电动机与主轴直连或 1 : 1

连接的情况。使用时要设定相关系统参数。

电动机尾端冷却风扇的作用：为电动机散热。主轴电动机采用变频调速，风扇电动机采用单独电源供电，风扇的转速与电动机转速变化无关，即电动机散热条件不变。当电动机风扇出现故障时，将会引起电动机过热报警。

4.3.1.3　主轴电动机的型号

下面是 FANUC αi 系列主轴电动机的型号 α8/10000 iHV。

αi：为电动机的系列号，标准型为 αi、经济型为 αCi、宽功率范围的为 αPi 系列。

8：代表主轴电动机的额定输出功率为 7.5 kW。

10000：表示电动机允许输出的最高转速为 10000 r/min。

HV：表示电动机为高压型电动机，额定电压为 400 V 系列。不标则表示为标准型电动机，额定电压为 200 V 系列。

4.3.2　FANUC 系统电源模块

4.3.2.1　电源模块原理及作用

电源模块的主要作用：为主轴模块和伺服模块提供直流主回路电源（标准型为 DC 300 V，高压型为 DC 600 V）和控制回路电源（DC 24 V）；为电源模块本身提供控制回路电源；电动机再生能量通过电源模块反馈到电网，实现回馈制动。现在的电源模块已经把整流、逆变、保护电路集成一体，称为智能模块 IPM。

FANUC 系统电源模块原理框图如图 4-10 所示。

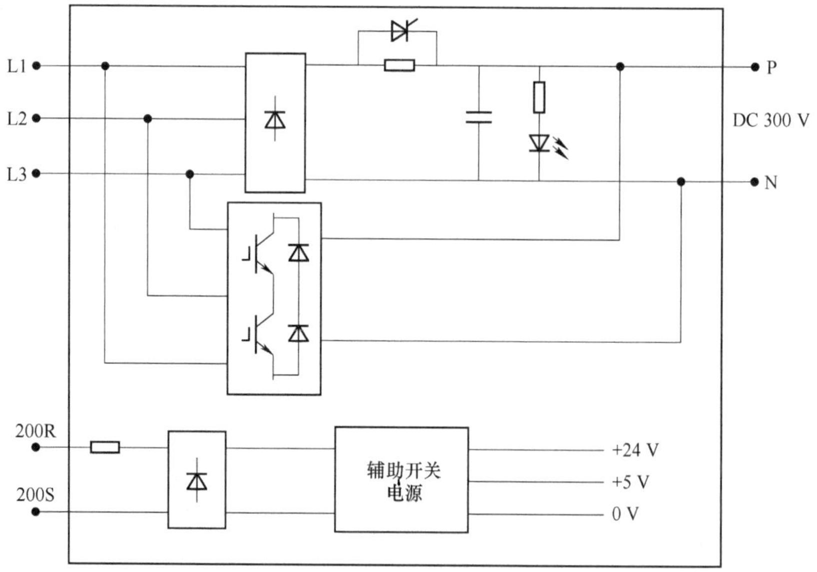

图 4-10　FANUC 系统电源模块原理框图

4.3.2.2　FANUC 系统 α 系列电源模块的结构及端子功能

FANUC 系统 α 系列电源模块接口如图 4-11 所示。

4.3.2.3　FANUC 系统 α 系列电源模块的连接

FANUC 系统 α 系列电源模块的连接如图 4-12 所示。

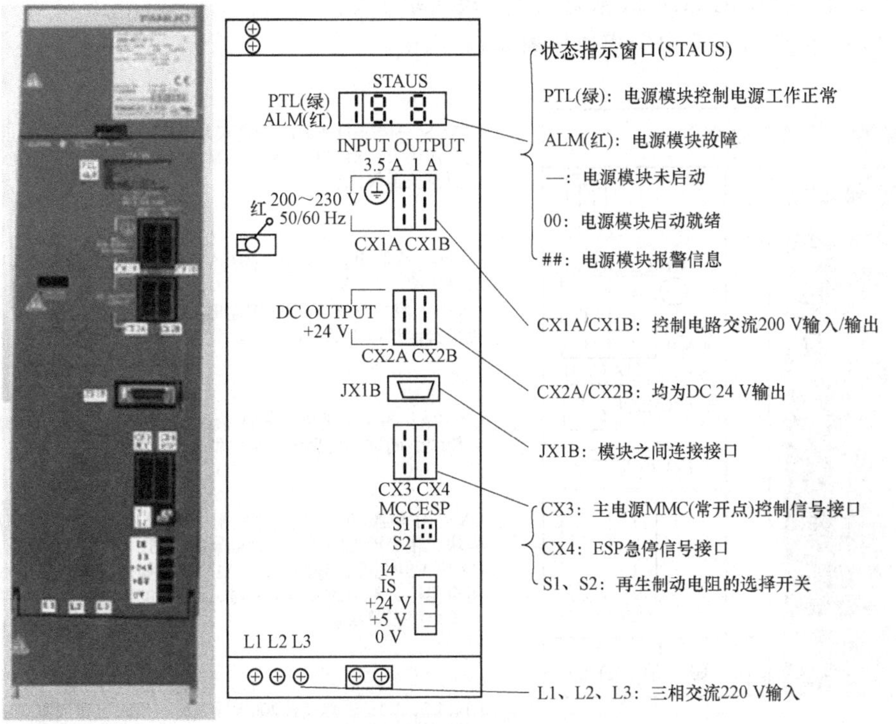

图 4-11　FANUC 系统 α 系列电源模块接口

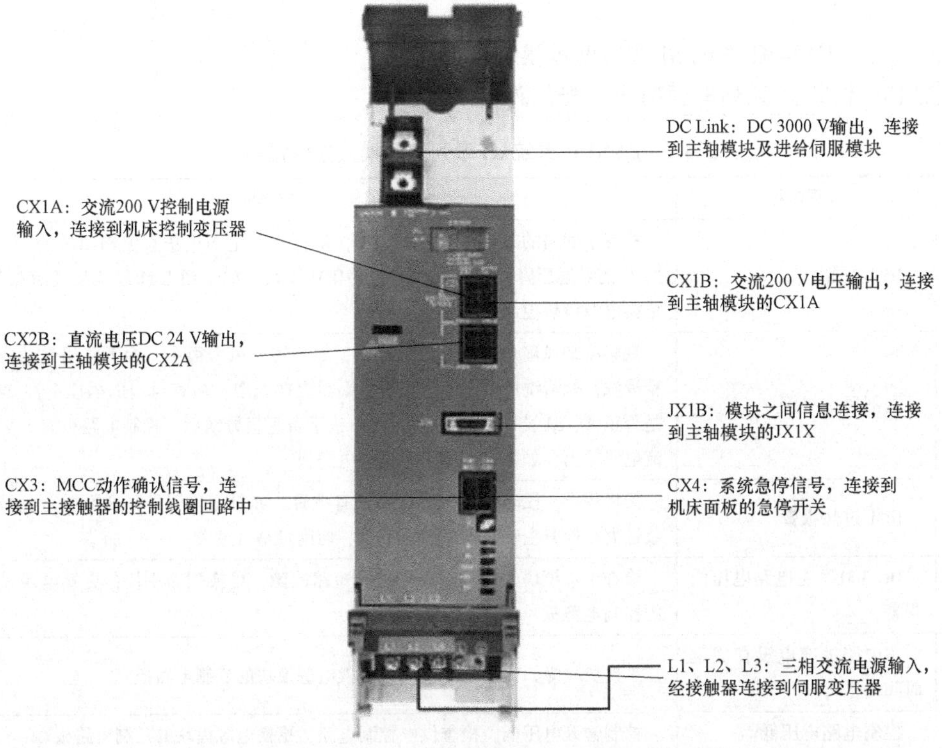

图 4-12　FANUC 系统 α 系列电源模块的连接

4.3.2.4　FANUC 系统 αi 系列电源模块的端子功能

FANUC 系统 αi 系列电源模块如图 4-13 所示。

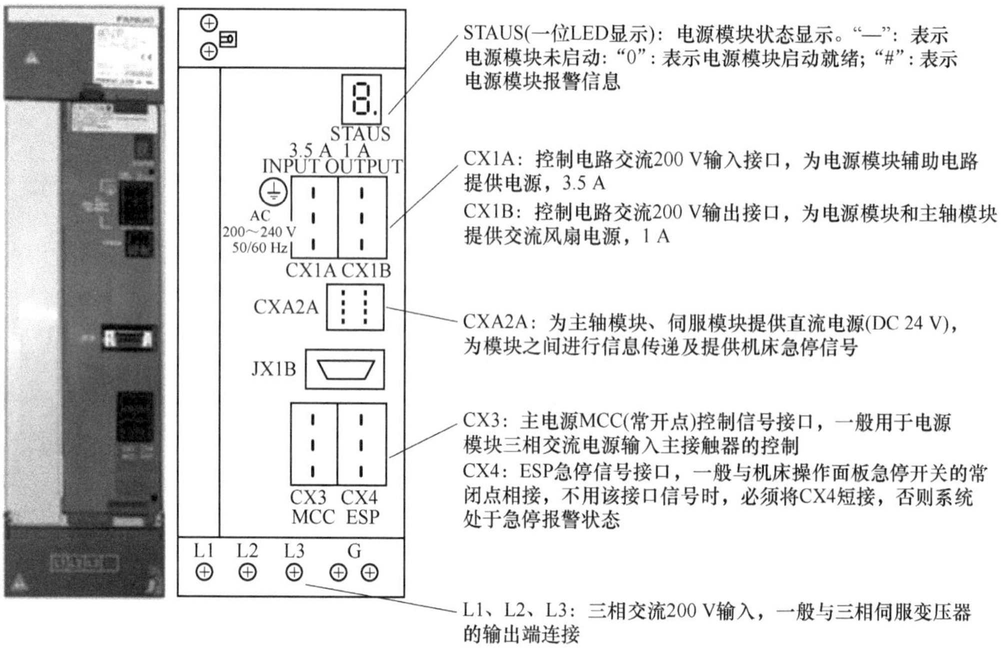

图 4-13　FANUC 系统 αi 系列电源模块

4.3.2.5　FANUC 系统 αi 系列电源模块报警代码

FANUC 系统 αi 系列电源模块报警代码见表 4-2。

表 4-2　FANUC 系统 αi 系列电源模块报警代码

LED	故障名称	故障诊断与处理
1	IPM 报警	检查主回路的 IPM 模块的 U、V、W 分别对电源模块直流输出端“+”和“-”的导通压降，如有异常，更换 IPM 模块；如更换 IPM 模块后还有报警，更换电源模块控制电路板
2	内部风扇报警	观察冷却风扇是否转，是否有风，如不转或风力很小，拆下并用汽油或酒精清洗；如清洗后装上还有报警，则需更换风扇；检查风扇的插座电源 24 V 是否正常，红线+24 V，黑线 0 V。拔下黄色报警线后，控制电路板有 5 V 直流电压输出，如果电压不对，更换电路板
3	IPM 过热报警	关机等候一段时间后，看是否还有报警，如果报警消失，则可能是机械负载过大，检查主轴和伺服机械负载，切削量是否过大
4	DC 300 V 主电路电压低报警	检查主轴模块或伺服模块是否有短路故障，更换短路模块；更换电源模块的控制电路板
5	主电路的充电没在规定时间内进行	主模块故障，更换电源模块；更换电源模块的控制电路板
6	控制电路电压低	控制输入电压低，检查供电控制电路；更换电源模块的控制电路板

续表 4-2

LED	故障名称	故障诊断与处理
7	DC 300 V 主电路电压高报警	三相交流输入电压高，检修电源外围供电回路；内部电压检测电路不良，更换电源模块的控制电路板
A	外部冷却风扇故障	检查风扇或更换；更换电源模块的控制电路板
E	输入电源缺相	检查电源输入三相交流是否有缺相，修复故障部位；更换电源模块

4.3.3　FANUC 系统主轴模块

主轴模块（见图 4-14）的功能：实现主轴速度控制、主轴位置反馈及主轴控制功能的控制。

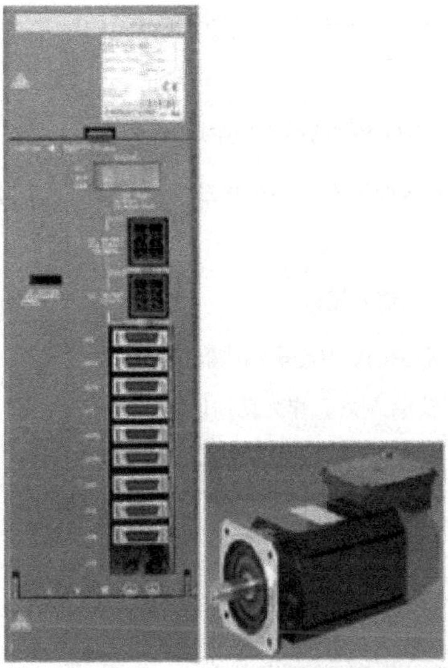

(a)

(b)

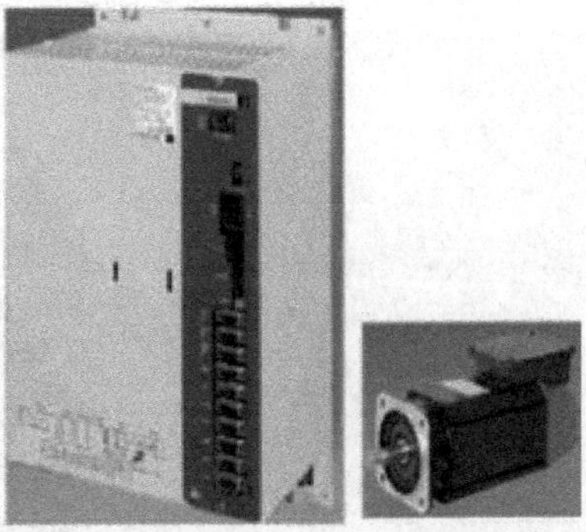

(c)

图 4-14　主轴模块示意图

（a）α 系列主轴模块；（b）xi 系列主轴模块；（c）βi 系列主轴模块

4.3.3.1　FANUC 系统 x 系列主轴模块的接口功能

图 4-15 所示为 x 系列主轴模块接口，图 4-16 所示为 α 系列电源模块与主轴模块实际

连接示意图，图 4-17 所示为主轴电动机接线图。

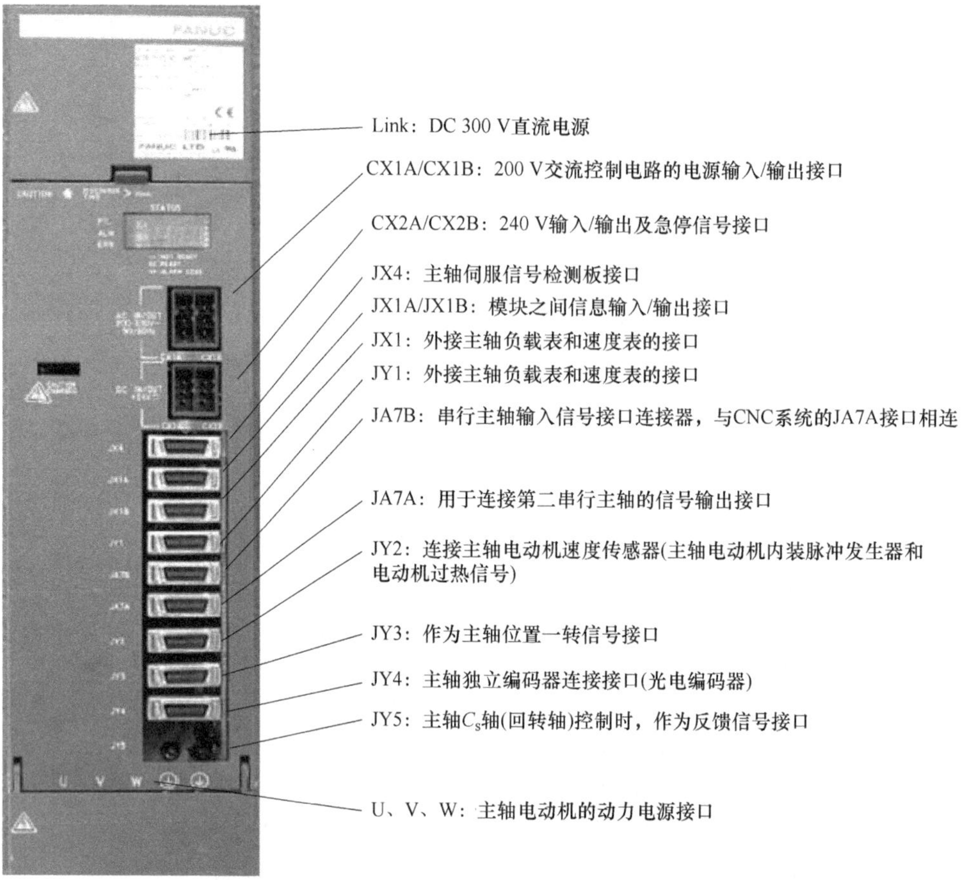

图 4-15　x 系列主轴模块接口示意图

图 4-16　α 系列电源模块与主轴模块实际连接示意图

图 4-17　主轴电动机接线图

4.3.3.2　FANUC 系统 αi 系列主轴模块的接口功能

图 4-18 所示为 αi 系列主轴模块接口，图 4-19 所示为 αi 系列电源模块与主轴模块实际连接图。

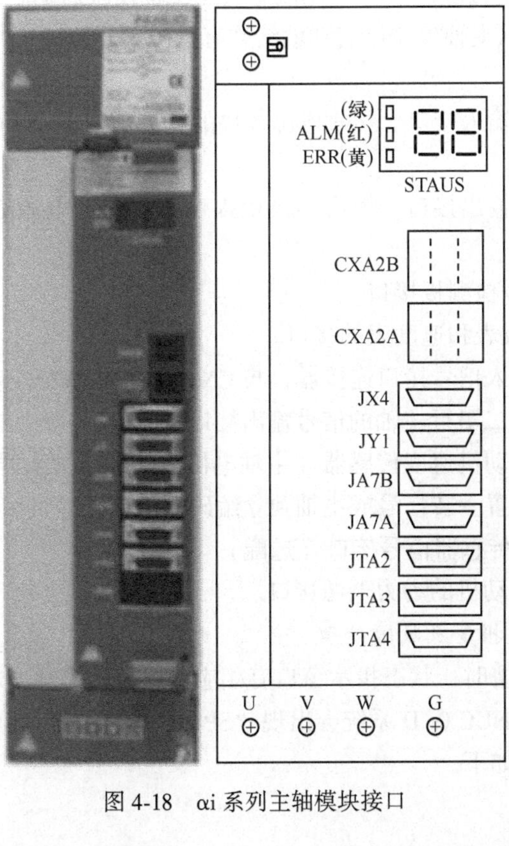

图 4-18　αi 系列主轴模块接口

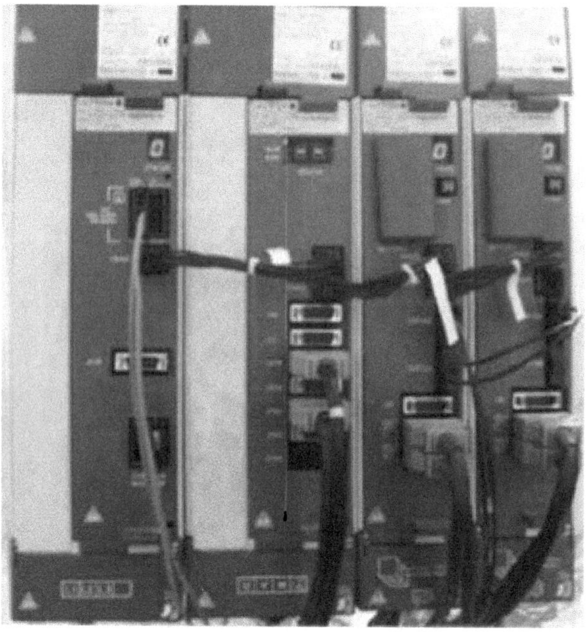

图 4-19　αi 系列电源模块与主轴模块实际连接图

贴膜二极管："绿"表示主轴模块控制电路电源正常；ALM（红）表示主轴模块检测出故障；ERR（黄）表示主轴模块检测出错误信息。

STAUS（2 位 7 段数码管）："—"不闪烁表示主轴模块启动就绪，闪烁表示主轴模块未启动就绪；"00"表示主轴模块已启动就绪并有励磁信号输出；"#"表示主轴故障或错误信息。

CXA2B：模块信号输入接口。接收电源模块的直流辅助电源 DC 24 V 及模块信息信号（串行信息）。

CXA2A：模块信号输出接口。为后续模块提供直流辅助电源 DC 24 V 及模块信息信号（串行信息）。

JX4：主轴伺服信号检测板接口。

JY1：外接主轴负载表和速度表的接口。

JA7B：串行主轴输入信号接口连接器，与 CNC 系统的 JA7A 接口相连。

JA7A：用于连接第二串行主轴的信号输出接口。

JYA2：连接主轴电动机速度传感器（主轴电机内装脉冲发生器和电动机过热信号）。

JYA3：作为主轴位置一转信号或主轴独立编码器连接器接口。

JYA4：主轴 C，轴传感器信号接口（选配）。

U、V、W：主轴电动机的动力电源接口。

4.3.3.3　主轴模块报警及故障处理

当主轴模块出现报警时，状态指示窗口有相应的报警代码，同时报警指示灯亮。当主轴模块出现故障时，FANUC 0i D 系统会出现"SP9× × ×"报警号。FANUC 系统常见的主轴控制器上的故障报警如下。

#1 报警——电动机过热。可能成因：电动机负载太大、冷却不良，或控制单元的电缆连接不良。

#2 报警——电动机速度偏离指令值。可能成因：转速极限设置不当、电动机过载。

#3 报警——主轴伺服单元主回路的直流侧回路上的熔断器熔断。可能由功率管模块损坏所致。

#4 报警——主轴伺服单元主回路的直流输入电路的熔断器熔断。可能成因：交流电源侧阻抗太高；交流电源输入电路中浪涌吸收器损坏；主回路上整流用的二极管模块损坏；逆变器用的晶体管模块损坏。

#5 报警——印制电路板上的熔断器熔断。可能是交流电源电压不正常或印制电路板故障引起的。

#6 报警——电动机速度超过最大额定速度值。可能成因：印制电路板上开关设置不当，或相应可调电位器调整不良；印制电路板上 ROM 存储器型号不对；印制电路板故障。

#7 报警——电动机速度超过最大额定速度。可能成因：印制电路板上开关设置不当，或相应可调电位器调整不良；印制电路板上 ROM 存储器型号不对；印制电路板故障。

#8 报警——主轴伺服单元的直流电源+24 V 电压太高。主要成因：交流电源输入电压太高。

#9 报警——大功率晶体管的散热片过热。可能成因：电动机过载、冷却条件不良。

#10 报警——主轴伺服单元的直流电源+15 V 电压太低。主要成因：交流电源输入电压太低。

#11 报警——主回路上的直流回路电压太高。可能是交流输入阻抗太高或印制电路板不良。

#12 报警——主回路上的直流回路中的电流太大。可能成因：主轴电动机内绕组存在短路或输出端有短路。

4.3.4　主轴驱动系统常见故障及诊断

4.3.4.1　熔断器熔断报警

故障原因：交流电源侧的阻抗太高；交流电源输入电路中浪涌吸收器损坏，输入电源存在缺相；电源整流桥损坏，电动机电枢绕组短路或局部短路；逆变器内的晶闸管损坏，连接不良，电动机电枢线（对地）短路；控制单元的印制电路板故障；再生回路的熔断器熔断，多为主轴电动机加速或减速频率太高所致。

4.3.4.2　主轴电动机速度超过额定值

故障原因：新机床试用阶段的设置错误；所用软件不匹配，需要检查主板上的 ROM 型号；印制电路板故障。

4.3.4.3　过载报警

故障原因：长时间开机后出现此报警可能是负载太大或频繁正、反转；开机后即出现此报警可能是热控开关坏了或控制板有故障。

4.3.4.4　交流主轴电动机异常噪声与振动

(1) 电气驱动部分故障。检查系统电源相序对不对、是否缺相、三相是否不平衡；测量反馈信号是否正确，确保接线正确，且反馈装置正常；驱动器是否异常。

若在加/减速过程中产生，则故障多发生于再生回路。检查该回路的熔断器是否熔断，晶闸管是否损坏。若在恒速下产生，应先检查反馈电压是否正常。若反馈电压正常，突然切断指令，观察电动机在停机过程中是否有异常噪声。若有噪声，则故障在机械部分；否则多是印制电路板上的故障。若反馈电压不正常，检查振动周期是否与转速有关。若有关，可能是主轴传动装置故障、主轴电动机轴承或其尾部的脉冲发生器故障，或者与机械装配不良有关。

（2）机械故障。原因有：主轴负载过大，润滑不良；主轴与主轴电动机的连接皮带过紧；轴承故障、轴承预紧力不够或预紧螺钉松动、主轴和主轴电动机之间的联轴器故障；主轴部件上动平衡不好；齿轮严重损伤，游隙、齿轮啮合间隙过大。

4.3.4.5 主轴不能转动且无任何报警显示

主轴不能转动且无任何报警故障诊断见表 4-3。

表 4-3 主轴不能转动且无任何报警故障诊断

故障原因	检查步骤	故障排除
机械负载过大	—	尽量减轻机械负载
主轴与电动机连接过松	停机状态下，查看皮带的松紧程度	调整皮带
主轴中的拉杆未拉紧夹持刀具的拉钉	有的机床会设置敏感元件的反馈信号，检查此反馈信号是否到位	重新装夹好刀具或工件
系统处于急停状态	检查主轴单元的交流接触器是否吸合	根据实际情况，解除急停
机械准备信号断路		排查机械准备信号电路
主轴动力线断线	用万用表测量动力线电压	确保电源输入正常
电源缺相		
正反转信号同时输入	通过 PMC 监察功能查看相应信号	—
无正反转信号	通过 PMC 监视画面，观察正反转指示灯信号是否发出	一般为数控装置的输出问题，查系统的主轴信号输出端子
没有速度控制信号输出	测量输出的信号是否正常	—
使能信号没有接通	通过 I/O 状态，分析 PMC 梯形图，确定启动的条件是否满足，如润滑、冷却等	检查外部启动的条件是否符合
主轴驱动装置故障	利用交换法确定是否有故障	更换主轴驱动装置
主轴电动机故障		更换电动机

4.3.4.6 主轴速度指令无效且转速仅有 1~2 r/min

故障原因及处理。

（1）动力线连接错误。检查主轴伺服与电动机间的 U、V、W 连线。

（2）CNC 模拟量输出（D/A）转换电路故障。用交换法判别是否有故障，若有，则更换故障板。

（3）CNC 速度输出模拟量与驱动器连接不良或断线。测量相应信号是否有输出且是否正常，更换指令发送口或更换数控装置。

（4）驱动器参数设置不当。查看并正确设置参数。

（5）反馈线连接不正常或反馈信号不良。确保反馈线连接正确，调整波形至正确或更换编码器。

4.3.4.7　速度偏差过大

故障原因及处理。

（1）反馈连接不良或反馈装置故障。确保反馈线连接正确或更换反馈装置（编码器）。

（2）动力线连接错误或动力电压不正常。

（3）机床切削负荷太大，切削条件恶劣。减轻负载，调整切削参数。

（4）机械传动系统不良。

（5）制动器未松开。

（6）制动器故障、电流调节器控制板故障、电动机故障。更换。

4.3.4.8　主轴在加/减速时工作不正常

故障原因：电动机加/减速电流预先设置、调整不当；加/减速回路时间常数设置不当；反馈信号不良；电动机/负载间的惯量不匹配；机械传动系统不良。

4.3.4.9　外界干扰下主轴转速出现随机和无规律性的波动

故障原因：屏蔽和接地措施不良，主轴转速指令信号受到干扰；反馈信号受到干扰。

4.3.4.10　主轴不能进行变速

故障原因：CNC 参数设置不当；加工程序编制错误；D/A 转换电路故障；主轴驱动器速度模拟量输入电路故障。

4.3.4.11　主轴出力不足

故障原因及处理。

（1）齿形皮带调节过松。停机状态下打开保护盖，调整皮带间隙。

（2）主轴刚性差。

（3）主轴电动机故障。更换。

4.3.5　主轴系统参数的设定及初始化操作

4.3.5.1　主轴系统参数的设定

系统出厂时已把串行数字主轴电动机的标准控制参数存储在系统中，通过主轴参数初始化操作选择与实际主轴电动机控制相对应的标准参数。但是，主轴参数初始化前，必须进行系统相关功能参数的设定，才能正确进行主轴参数初始化。

（1）串行数字主轴控制功能选择参数及串行主轴个数选择参数 FANUC 0i 系统串行主轴控制功能选择参数为 3701#1，“1”为模拟量控制主轴，“0”为串行数字控制主轴；串行数字主轴个数选择参数为 3701#4，“0”为 1 个，“1”为 2 个。

（2）主轴位置编码器控制功能选用参数 FANUC 0i 系统串行主轴位置编码器控制功能选择参数为 4001#2，“0”为不使用主轴位置编码器，“1”为使用主轴位置编码器。

（3）主轴与位置编码器的传动比参数。

FANUC 0i 系统主轴与位置编码器传动比参数为 3706#1，3706#0（二进制代码组合设定分别为 1∶1、1∶2、1∶4 和 1∶8），通常设定为“00”，即“1∶1”。

（4）主轴速度到达检测功能参数。

FANUC 0i 系统主轴速度到达检测参数为 3708#0，“0”为不检测主轴到达速度，“1”

为检测，主轴到达速度。如果设定为“1”，系统 PMC 控制中还要编制程序实现切削进给的开始条件。

（5）主轴电动机最高转速设定参数。

FANUC 0i 系统为 4020。

4.3.5.2　串行数字主轴伺服画面

（1）主轴伺服画面显示参数。

串行主轴伺服画面显示参数（SPS）置为“1”，FANUC 18i/0i 系统参数为 3111#1。

（2）主轴画面显示操作。

主轴画面显示操作如图 4-20 所示。

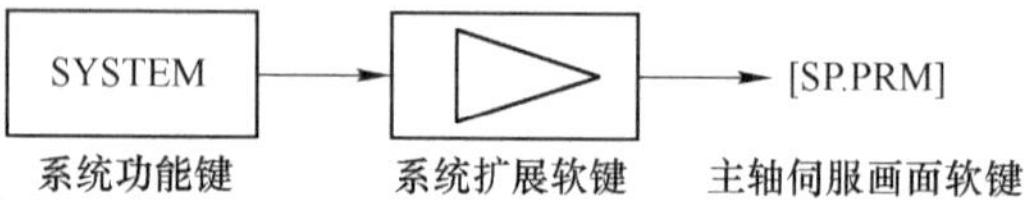

图 4-20　主轴画面显示操作

（3）串行数字主轴伺服画面。

串行数字主轴伺服画面如图 4-21～图 4-23 所示。

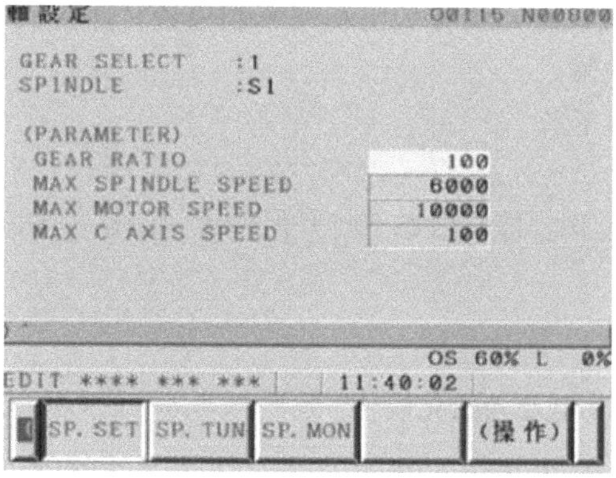

图 4-21　串行数字主轴设定画面

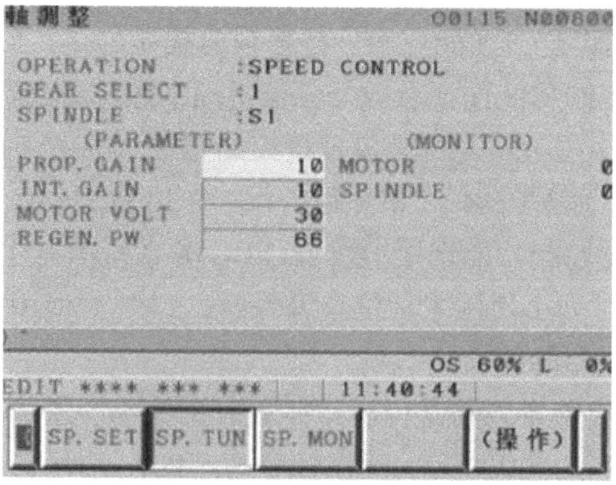

图 4-22　串行数字主轴调整画面

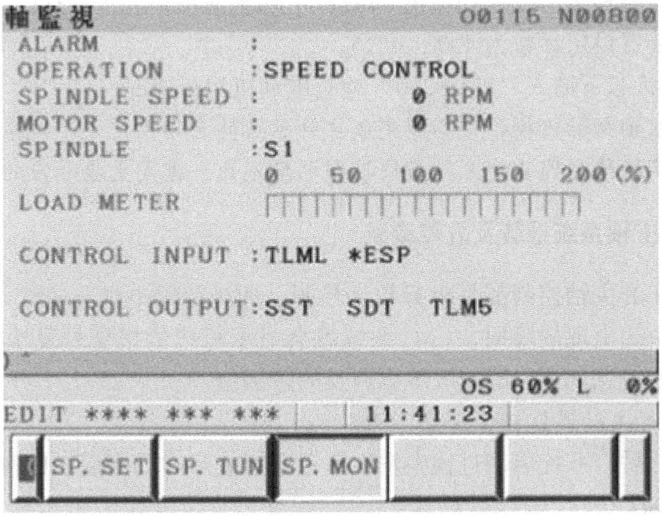

图 4-23　串行数字主轴监控画面

4.3.5.3　主轴模块标准参数的初始化

主轴模块标准参数的初始化，就是将主轴的设定参数（数控厂家设定的初始值）按 FANUC 标准主轴电动机型号进行重新覆盖，如图 4-24 所示。其步骤如下。

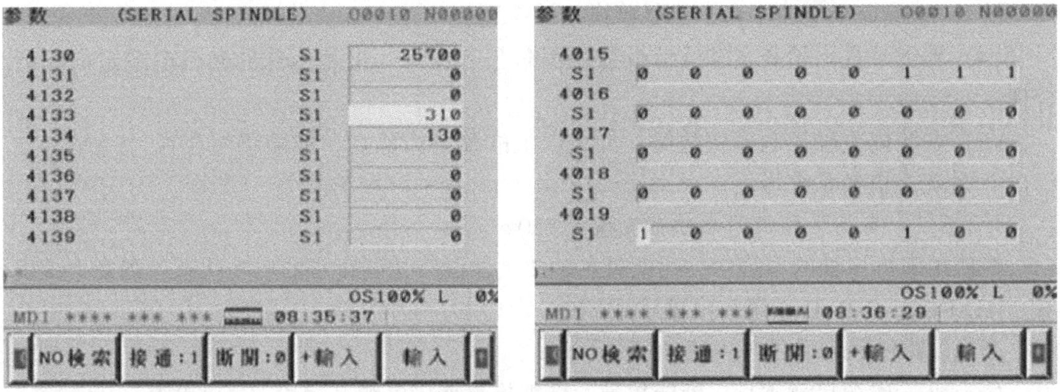

图 4-24　主轴模块标准参数的初始化

（1）系统急停状态，打开电源。

（2）将主轴电动机型号的代码设定在系统串行主轴电动机代码参数中。FANUC 0i 系统参数为 PRM4133。要求参数写保护打开。

（3）将自动设定串行数字主轴标准值的参数（DLSP）置为“1”。FANUC 0i 系统参数 PRM4019#7 置为“1”。

（4）将电源关断，再打开，主轴标准参数被写入。

（5）初始化后对照主轴电动机参数表，有不同的部分加以修改。

（6）根据机床具体要求，设定机床厂家主轴实际调整后的相关参数。FANUC 16i/18/0i 系统的主要参数有：主轴齿轮挡位的最高速度参数 3741~3744；主轴齿轮挡位的传动比参数4056~4059；主轴定向或换挡速度3732；主轴定向准停角度4077；主轴速度、位置和一转信号检测装置设定参数为4000~4015。

（7）在MDI状态下输入“M03S200”检查电动机运行情况。

注意：如在主轴初始化操作中不能完成主轴参数的自动设定或出现报警，在排除操作不当的情况下，其故障原因多为主轴模块控制电路不良，需要更换相应的工作板。

4.3.6　串行数字主轴系统报警及故障诊断

现代数控机床的主轴控制都是串行数字控制，通过传输电缆与CNC系统进行信息交换。当主轴驱动系统出现故障时，CNC系统就会显示相应的报警号及诊断信息，通过相应的报警号及诊断信息就可以确定故障原因及故障部位。

4.3.6.1　串行主轴通信错误报警749#

这是接通电源后，系统启动过程中发生串行通信故障时的报警。FANUC 0i C/0i D系统的报警号为749#。

产生故障的原因及处理方法如下。

（1）连接电缆接触不良，断线故障。仔细检查连接电缆，找出故障并修复。

（2）主轴参数设定与系统主轴硬件匹配不符。FANUC 0i C/0i D系统参数3701#1（模拟量主轴与串行主轴选择参数）、3701#4（串行主轴个数选择参数）要与系统配置一致。

（3）主轴模块内部电路不良。如果主轴模块状态指示为“A0”或“A1”，说明主轴模块的ROM或控制电路不良，需要更换主轴模块。

（4）外界干扰。检查主轴通信电缆的屏蔽是否良好、电箱内部的通信电缆走向是否合理。

（5）系统内主轴控制模块故障。如果以上故障都排除后，故障仍然存在，FANUC 0i C/0i D系统需更换系统母板。

4.3.6.2　串行主轴回路启动不良报警750#

在使用串行主轴的系统中，通电时主轴放大器没有达到正常的启动状态，则发生该报警。FANUC 0i C/0i D系统的报警号为750#。

产生故障的原因及处理方法如下。

（1）连接电缆接触不良，断线故障。仔细检查连接电缆，找出故障并修复。

（2）主轴模块控制电路故障。该报警是在电源接通时，系统启动前发生的。当主轴模块的辅助电源（AC 200 V）及内部控制电路出现故障时，也会产生该报警。检查辅助电源连接电缆CX1A接触是否良好及电源电压是否正常。检查主轴模块内部控制电路是否正常工作。

（3）串行主轴参数不良。主轴功能参数设定与系统硬件配置、系统软件不符。进行主轴参数初始化就可以解除该报警。如故障仍然存在，则需更换主轴模块。

（4）CNC主轴串行通信模块不良。FANUC 0i C/0i D系统需更换系统母板。

4.3.6.3　串行数字控制主轴故障报警

当主轴系统出现故障时，FANUC 16i/18i/0i C系统会出现“9×××”报警号。其中“××”就是主轴模块上的报警号。FANUC 0i C系统的串行主轴诊断号有400、401和402。

习　题

4-1　为什么要更换系统电池，换电池时有哪些注意事项？

4-2　存储卡的系列数据传输和分区数据传输有什么不同？

4-3　简述存储卡系列备份数据的过程（SRAM 数据和 PMC 数据）。

4-4　简述存储卡在线加工的具体操作步骤。

4-5　某坐标轴的快速进给速度为 15000 mm/min，伺服环增益为 30 s^{-1}，检测单位为 0. 001 mm，请设定 PRM1828 的参数值。

4-6　给出移动指令后，当位置偏差量大于参数 1828 的设定值时，出现多少号报警？在给出停止指令、位置偏差量大于该参数 1829 的设定值时，出现多少号报警？

4-7　简述 FANUC 0i C 系统出现 926 报警的故障原因。

4-8　简述 FANUC 0i C 系统出现 971 报警的故障原因。

4-9　简述 FANUC 0i C 系统开机时出现死机故障的实际诊断和处理方法。

4-10　简述 FANUC 0i D 系统出现控制单元过热报警 0H0700 和风扇电动机过热报警 0H0701 的可能原因及处理方法。

4-11　怎样实现截屏（抓屏）？

4-12　简述 FANUC 0i C/0i D 系统的接口及功能。

4-13　FANUC 0i C/0i D 系统的常用参数有哪些？

项目 5　伺服驱动系统故障诊断与维修

课 程 思 政

李万君，中车长春轨道客车股份有限公司的高级技师，是当之无愧的“大国工匠”。在高铁制造领域，他深耕焊接工艺，一干就是几十年。为攻克高速列车转向架焊接变形这一世界性难题，他夜以继日地钻研，反复试验，凭借着对焊接参数、电流、电压和温度等的精准把握，以及对焊缝成型质量的严格要求，最终总结出一套独特的焊接操作法，实现了将焊接缝隙控制在毫米级，远超国际标准。李万君用手中的焊枪，践行着对品质的极致追求，他的专注、执着与创新，正是大国工匠精神的生动诠释。在他的带动下，众多年轻焊工成长起来，为中国高铁走向世界贡献了坚实的力量，也让我们看到，在平凡岗位上，凭借专业精神和匠心，同样能为国家发展铸就辉煌篇章。

（来源于共产党员网）

知识目标

（1）掌握基本概念：了解伺服驱动系统的组成、工作原理。

（2）掌握检测方法：掌握伺服驱动系统故障的检测方法和工具的使用，如万用表、示波器、测速仪等仪器的使用，以及通过观察电动机的运行状态、听取运行声音、测量电动机的电压、电流、电阻等参数来判断故障。

（3）牢记维修流程：牢记伺服驱动系统故障维修的基本流程和方法，包括故障的初步判断、逐步排查、确定故障点、进行修复或更换故障部件、调试和验证等环节。

能力目标

（1）故障诊断能力：能够根据伺服驱动系统出现的故障现象，运用所学的知识和方法，准确地判断故障的类型和可能的原因，并确定故障的具体位置。

（2）维修操作能力：熟练掌握伺服驱动系统故障维修的操作技能，如电动机的拆装、维修和更换，伺服驱动器的调试和维修，编码器的检测和更换，机械传动部件的调整和修复等。

（3）调试优化能力：具备对伺服驱动系统进行调试和优化的能力，能够根据机床的性能要求和加工任务，合理地调整伺服驱动系统的参数，提高系统的运行性能和加工精度。

（4）综合分析能力：能够对伺服驱动系统的故障进行综合分析，考虑电气和机械等多方面的因素，制定合理的维修方案，并能够对维修后的伺服驱动系统进行性能评估和总结。

任务 5.1　伺服参数初始化及伺服画面介绍

5.1.1　伺服参数初始化设定

5.1.1.1　伺服参数初始化设定准备

（1）选择 MDI 模式或将 NC 设定为急停状态。

（2）设定写参数（PWE=1），如图 5-1 所示。

（3）检查 No. 1023 是否为非 0 和负值，确认没有执行伺服轴屏蔽设定操作。

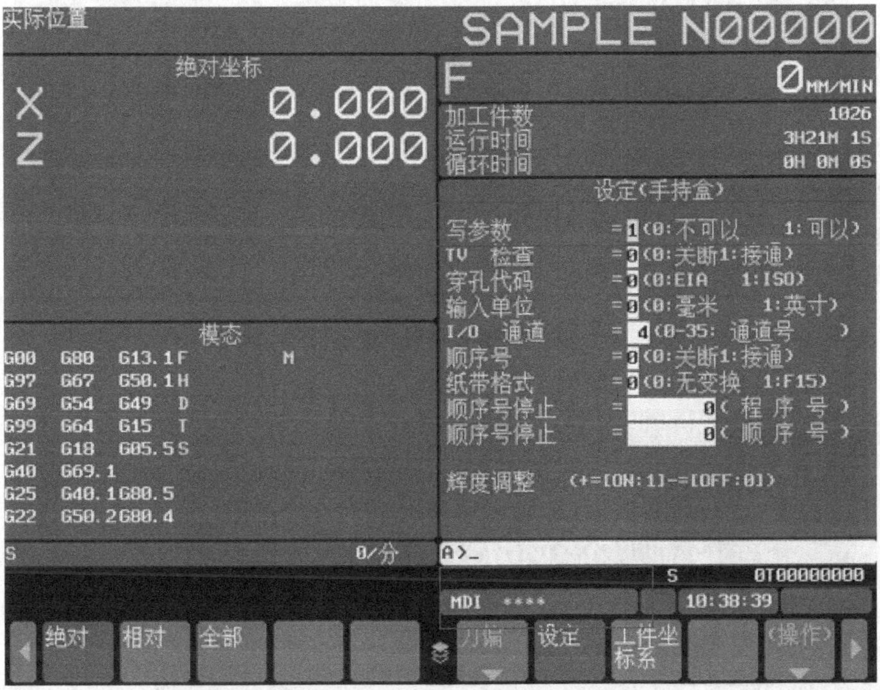

图 5-1　设定写参数

5.1.1.2　伺服参数的初始设定

（1）按 MDI 面板，上的［SYSTEM］键数次，直至显示图 5-2 所示参数设定支援画面。

（2）按 MDI 面板上的［↓］将光标指向“伺服设定”位置，按下软键［操作］，再按下软键［选择］，进入图 5-3 伺服设定画面。

（3）需执行初始化时，移动光标至“标准参数读入”栏，设定数值为 0 输入，系统提示关机，进行标准参数载入。

（4）如果还有其他轴需要同时进行伺服初始化，按下［操作］→［轴改变］软键，可以切换到另一个轴的设定画面，同样执行“标准参数”设定为 0 的操作。

（5）断电重启后，初始化设定完成。

在上述伺服设定画面中下按软键［>］，再按软键［切换］，也可以切换到图 5-4 所示伺服参数设定画面。

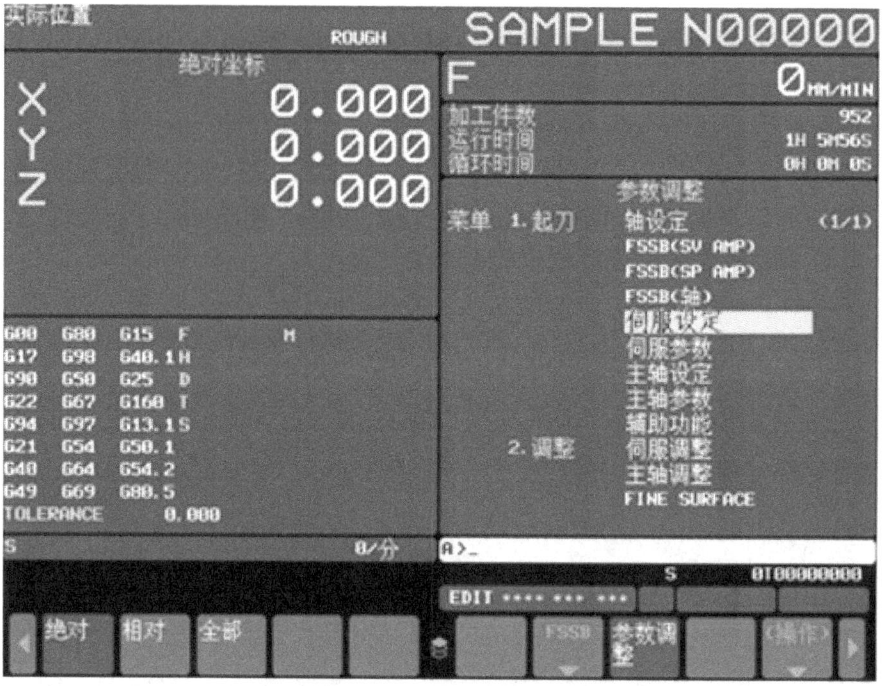

图 5-2　参数设定支援画面

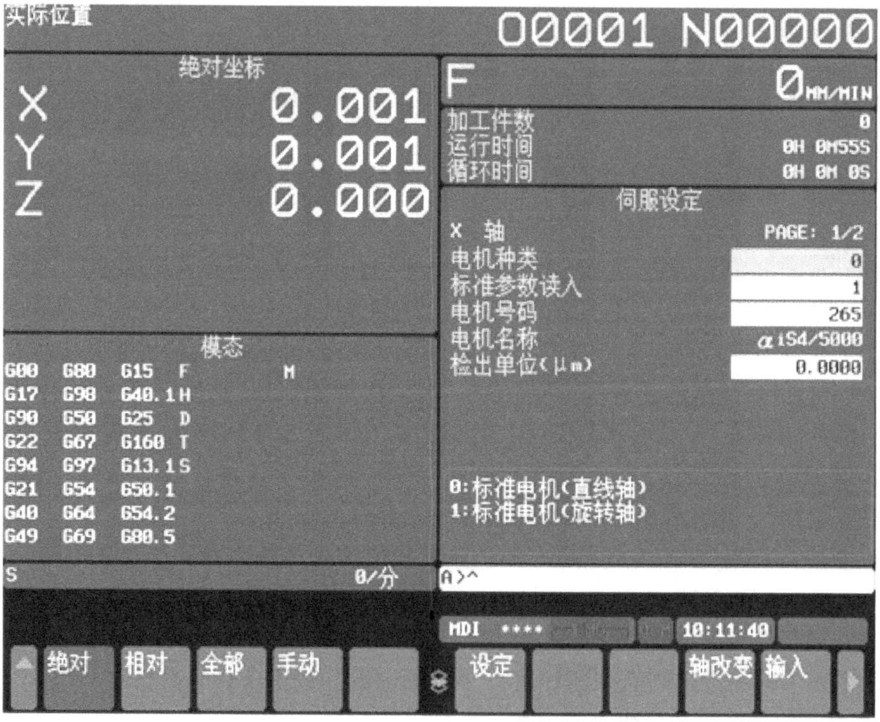

图 5-3　伺服设定画面

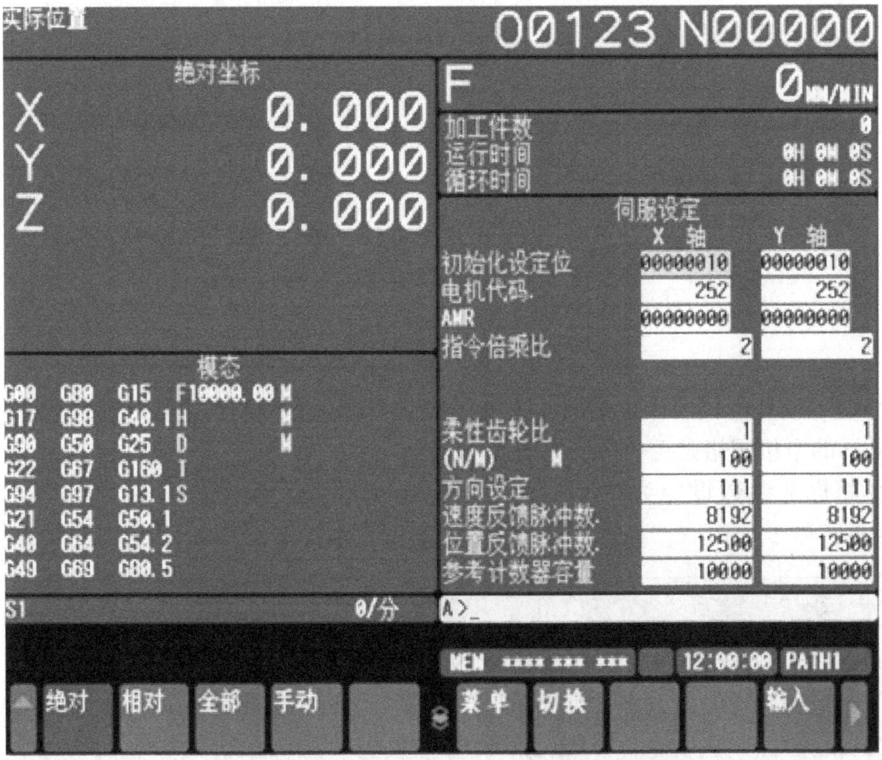

图 5-4　伺服参数设定画面

（6）在该画面下设定初始化设定位为 0，并执行关开机操作，同样可以执行伺服参数初始化。

5.1.1.3　*更换不同电机的初始化操作*

（1）电机规格铭牌确认。

电机铭牌如图 5-5 所示。

（2）根据说明书 B-65270 伺服电机参数表，查询型号所对应的电机代码为 265。

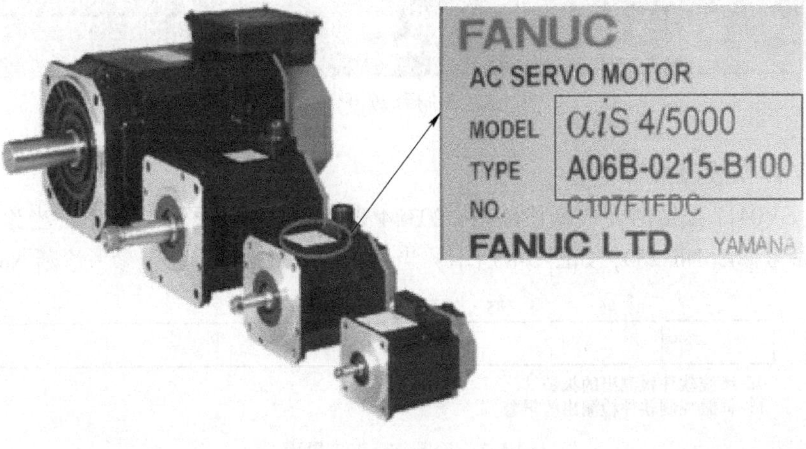

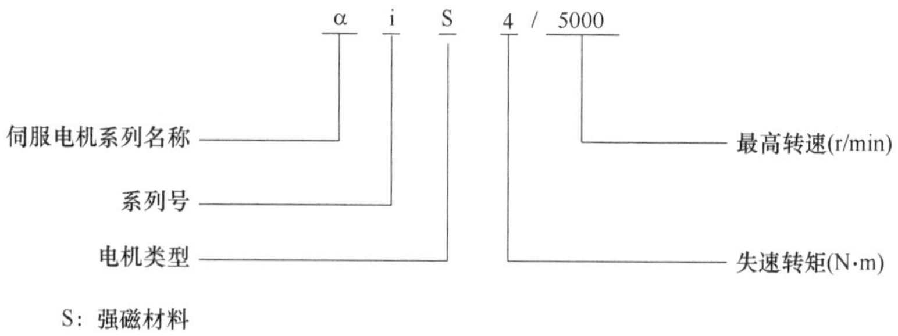

图 5-5　电机铭牌

（3）进入前述的伺服设定画面，在电机代码栏输入查询到的电机代码“265”，并确认下方显示的电机规格是否一致，如图 5-5 所示。

（4）将标准参数设定为“0”，关开机执行标准参数载入。伺服参数设定画面如图 5-6 所示。

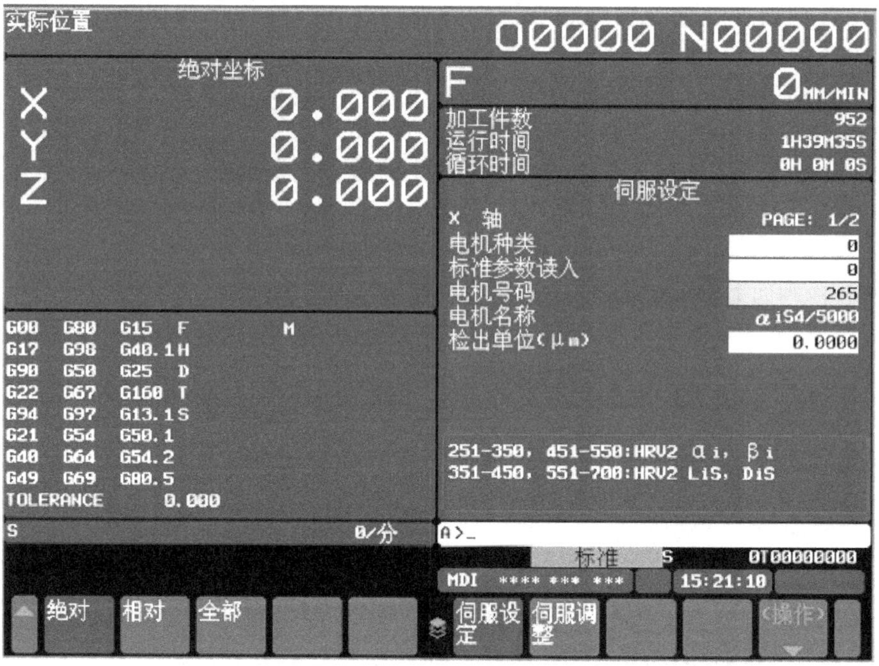

图 5-6　伺服参数设定画面

（5）SV0417 故障报警。

在发生 SV0417 报警时，根据诊断 No. 203#4 来作诊断，如图 5-7 所示；当诊断 No. 203 #4=0 时，参考诊断 No. 280，如图 5-8 所示；当诊断 No. 203#4=1 时，参考诊断 No. 352。

	#7	#6	#5	#4	#3	#2	#1	#0
诊断No.203				PRM				

0：系统软件检测出的报警
1：伺服控制软件检测出的报警

图 5-7　诊断 No. 203 界面

诊断	280	#7	#6	#5	#4	#3	#2	#1	#0
					DIR	PLS	PLC		MOT

图 5-8 诊断 No. 280 界面

#0 MOT 参数（No. 2020）的电机型号设定了指定范围以外的数值。

#2 PLC 参数（No. 2023）的电机每转的速度反馈脉冲数设定了小于等于 0 的错误数值。

#3 PLS 参数（No. 2024）的电机每转的位置反馈脉冲数设定了小于等于 0 错误数值。

#4 DIR 参数（No. 2022）的电机旋转方向没有设定正确的数值（111 或-111）。

MOT(#0)1：参数 No. 2020 的电机编号中设定了指定范围外的值。

下面列出在各系列中有效的电机号的范围，见表 5-1。当设定此范围外的编号时，就会成为参数非法报警（此时，PRM=0 保持不变）。

表 5-1 各系列有效电机号设定范围

伺服控制软件系列	电机编号设定范围
90G0，90J0，90K0，90GP，90JP	1~909
90E0	1~550（~28.0 版），1~909（29.0 版）
90D0	1~550
90E1	1~550（04.0 版），1~909（05.0 版）
90M0，90M8	1~909
90C5，90E5	1~550（D 版），1~909（E 版）
90C8，90E8	1~909
90H0	1~909

PLC(#2)1：在参数 No. 2023 的电机每转动一圈的速度反馈脉冲数中设定了 0 以下等错误值。

PLS(#3)1：在参数 No. 2024 的电机每转动一圈的位置反馈脉冲数中设定了 0 以下等错误值。

DIR(#4)1：没有在参数 No. 2022 的电机旋转方向中设定一个正确的值（111 或 111）。

AXS(#6)1：参数 No. 1023（伺服轴编号）的设定不适当。伺服轴编号重复，或者设定了超过伺服卡的控制轴数的值。

5.1.2 伺服监控画面

5.1.2.1 画面进入方法

按 MDI 面板上［SYSTEM］键→按扩展键［>］→按［伺服设定］软键→按［伺服调

整］软键，进入伺服监控画面，如图 5-9 所示。

注：未显示伺服界面时，设定参数 No. 3111#0 = 1，断电重启生效。

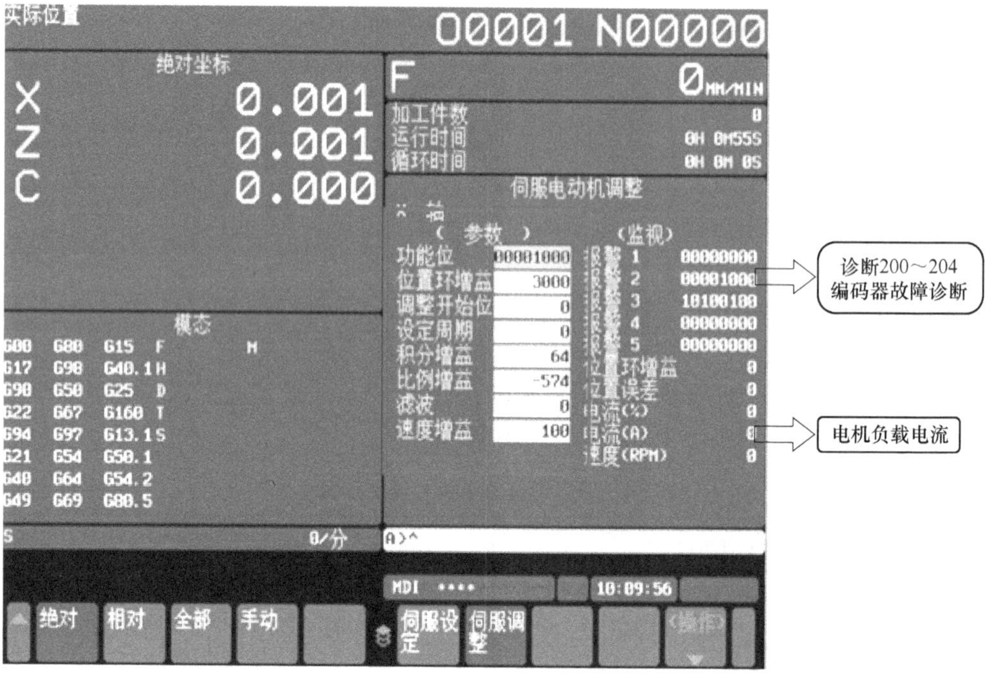

图 5-9　伺服监控画面

5.1.2.2　伺服监控画面

伺服监控画面分为左右两部分，左边为伺服常用的调整参数，见表 5-2。

表 5-2　伺服常用调整参数

调整参数	对应参数号
功能位	No. 2003
位置增益	No. 1825
积分增益	No. 2043
比例增益	No. 2044
滤波	No. 2067
速度增益	No. 2021

例如，机床运行中出现振动时，可以调整滤波参数，转矩指令滤波器设定值见表 5-3。选择当前振动的频率（大致判断下），如振动频率为 200，振动的截止频率需设定 100，100 对应的数值为 2185，则设定为当前值。

伺服监控画面右边可以监控伺服电机运行的转台，以及报警对应的诊断号。

表 5-3　转矩指令滤波器设定值

截止频率/Hz	参数设定值	截止频率/Hz	参数设定值
90	2327	170	1408
95	2255	180	1322
100	2185	190	1241
110	2052	200	1166
120	1927	220	1028
130	1810	240	907
140	1700	260	800
150	1596	280	705
160	1499	300	622

（1）诊断号。

报警 1：诊断号 200 号。

报警 2：诊断号 201 号。

报警 3：诊断号 202 号。

报警 4：诊断号 203 号。

报警 5：诊断号 204 号。

报警 1 到报警 5 所显示的诊断位，对应串行脉冲编码器报警细节或有伺服软件检测编码器反馈数据所分析出的断线、过载等报警原因。串行脉冲编码器报警处理见表 5-4（详细的诊断位说明其参考 B64695 数控系统维修说明书）。

表 5-4　串行脉冲编码器报警处理表格

报警 3							报警 5		报警 1	报警 2		报警内容	处理办法
CSA	BLA	PHA	RCA	BZA	CKA	SPH	LDM	PMA	FBA	ALD	EXP		
						1						软相报警	2
				1								电池电压零	1
			1						1	1	0	计数错误报警	2
		1										相位报警	2
	1											电池电压降低	1
								1				脉冲错误报警	
							1					LED 异常报警	

（2）位置环增益：表示实际环路增益。

（3）位置误差：表示实际位置误差值（诊断号 300）。

（4）电流（%）：以相对于电机额定值的百分比表示电流值。

（5）电流（A）：以 A 表示实际采样一定周期内的平均电流值。

（6）速度（RPM）：表示电机实际转速。

任务 5.2　伺服驱动器的 LED 数码管显示

5.2.1　伺服驱动器作用

αi 系列伺服驱动器如图 5-10 所示。

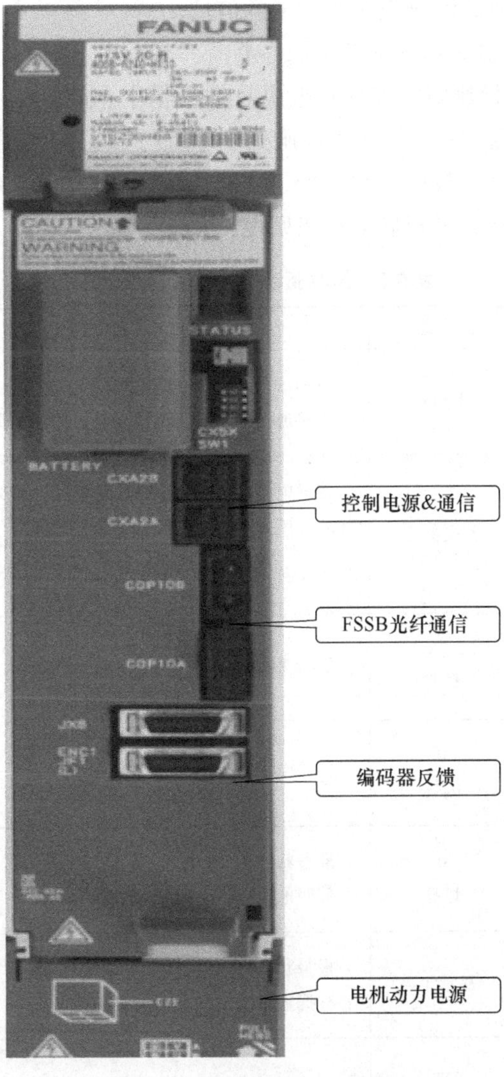

图 5-10　αi 系列伺服驱动器

5.2.2　伺服驱动器数码管显示

5.2.2.1　αi 伺服驱动器数码管显示位置

αi 系列数字式交流伺服驱动器检测到的报警可以通过驱动器上的 7 段数码管进行显示的，显示位置为一位的 7 段 LED 数码管，在伺服驱动器具备控制电源情况下，可以显示一位的数字（0~9）或字符（A、B、C 等）。

5.2.2.2　伺服驱动器数码管显示作用

在伺服系统维修过程中，CNC 出现伺服报警的同时，需要结合伺服数码管状态显示去分析故障原因。

伺服报警的出现，检测的出发点是伺服本体检测，观察数码管状态在很多报警场合，会显得更加直观和准确。CNC 本体报警（如涉及与伺服通信类的报警）出现时，伺服数码管的状态也能给报警故障的排查提供重要的信息。

5.2.2.3　伺服驱动器数码管显示与状态判断

伺服 LED 数码管在控制电源施加且电源回路正常时显示为“-”（由伺服软件检测的报警时，数码管也显示为“-”），代表伺服处于等待与 CNC 进行通信的状态，当 CNC 系统上电与伺服建立通信后，数码管显示为“0”，如果出现数字，则代表伺服驱动器检测出异常状态，伺服驱动器数码管显示状态见表 5-5。

表 5-5　伺服驱动器数码管显示状态

STAUS 的显示位置	显示编号	内　　容
	不显示	STAUS 显示 LED 灯不亮 未接通控制电源、电缆异常、控制电源电路不良
	英文数字	接通电源后大约 4 s 的时间里软件系列/版本分 8 次进行显示。例如软件版本系列 9H00/01.0 版的情况： 9→H→0→0→0→1→.→0
	— 灯亮	等待来自 CNC 的 READY 信号
	0 闪烁	绝缘电阻测量中
	0 灯亮	准备状态 伺服电机处于励磁状态
	显示 1~	报警状态 根据显示的文字判断报警的类别
	— 闪烁	安全扭矩关断状态

5.2.2.4　βi 伺服驱动器 LED 显示

βi 伺服驱动器中有伺服与主轴一体的 βiS VSP 模块和单轴、双轴的 SVM 伺服模块。

βiS VSP 模块带有两个数码管显示，单位数码管显示伺服的状态，双位数码管显示主轴状态，如图 5-11 所示。

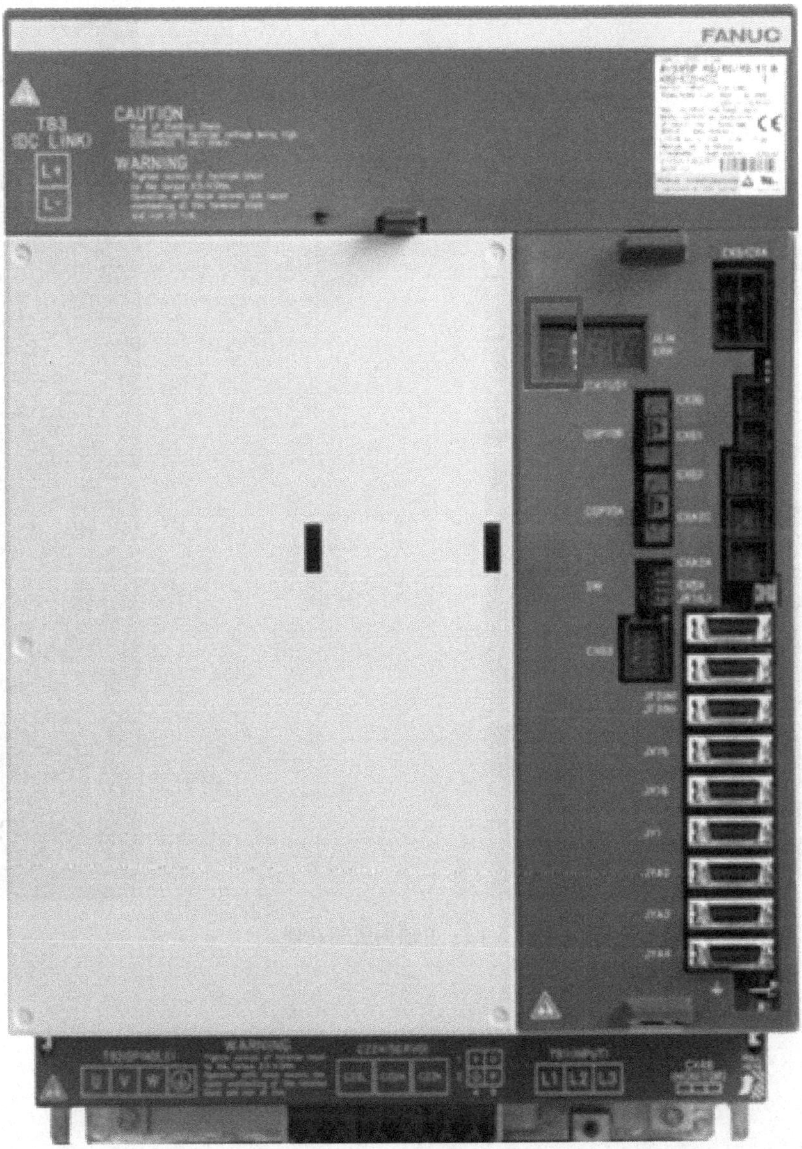

图 5-11　βi 伺服驱动器

单轴（4 A/20 A 左侧驱动器、40 A/80 A 右侧驱动器）或双轴的 βi SVM 配备的是 LED 状态指示灯。

单轴伺服驱动器如图 5-12 所示。

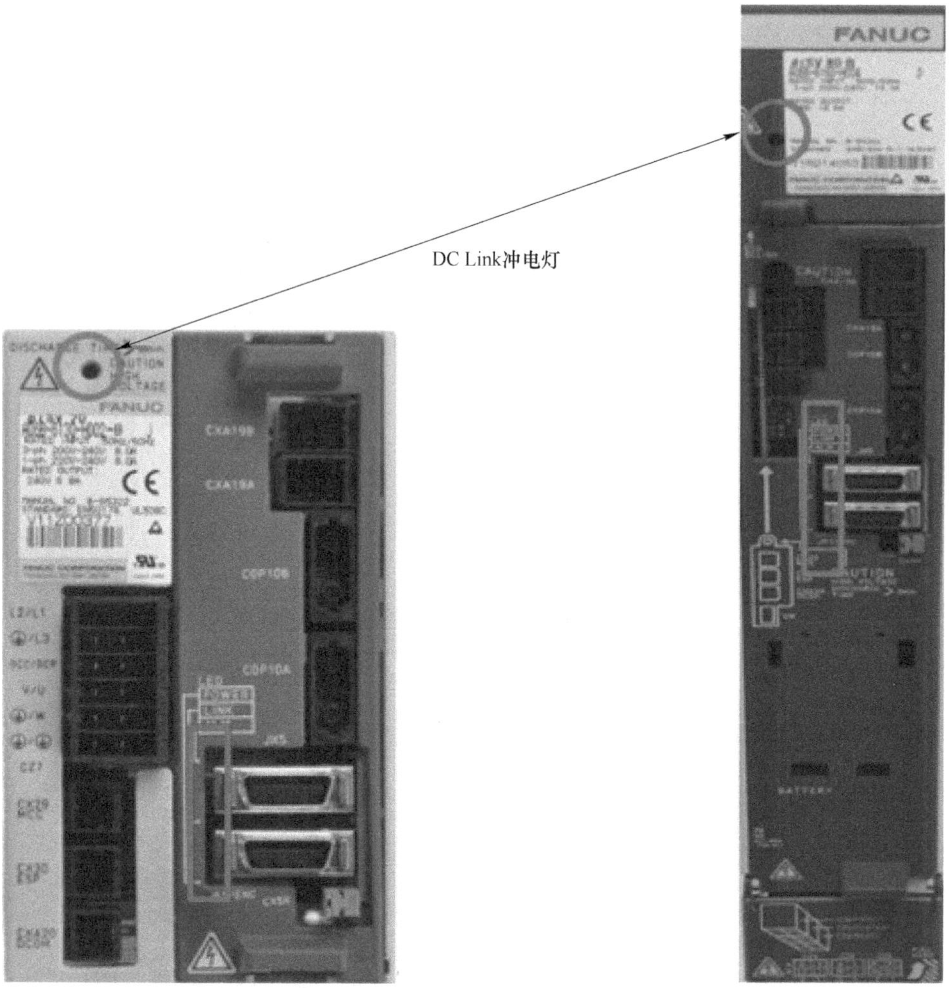

图 5-12　单轴伺服驱动器

任务 5.3　伺服单元报警与故障排查

5.3.1　伺服驱动器硬件连接

5.3.1.1　伺服模块上电

伺服模块上电如图 5-13 所示。

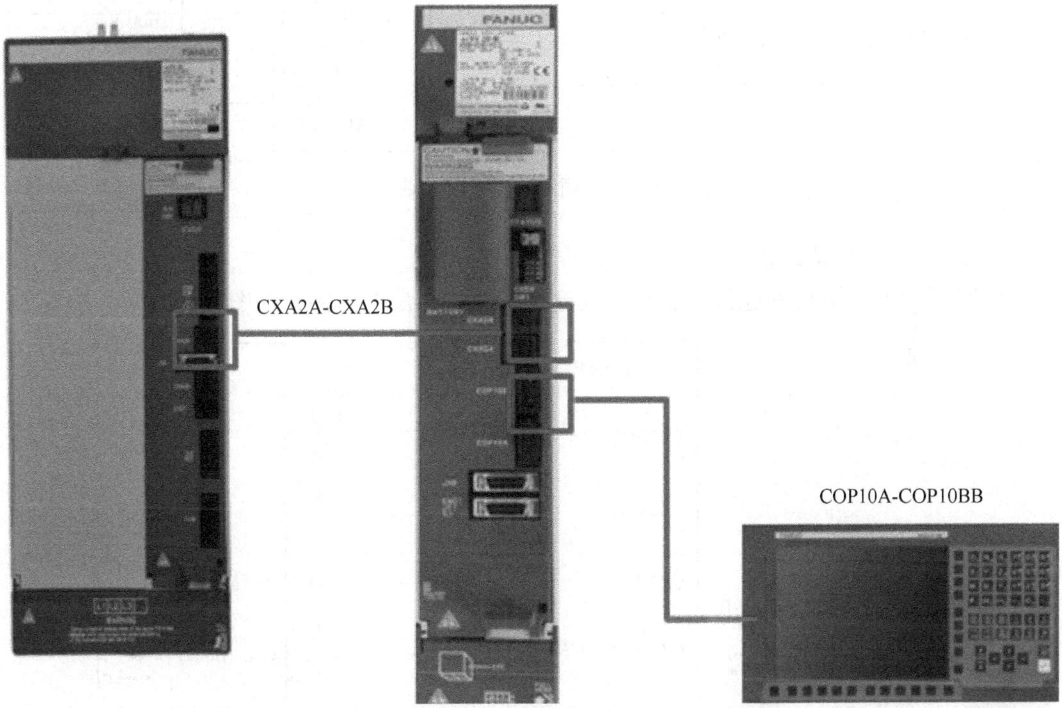

图 5-13　伺服模块上电

5.3.1.2　伺服驱动器电源的连接

控制电源来自电源单元和伺服驱动器，另外一路电源就是伺服驱动器驱动伺服电机的主回路电源，具体连接如图 5-14 所示。

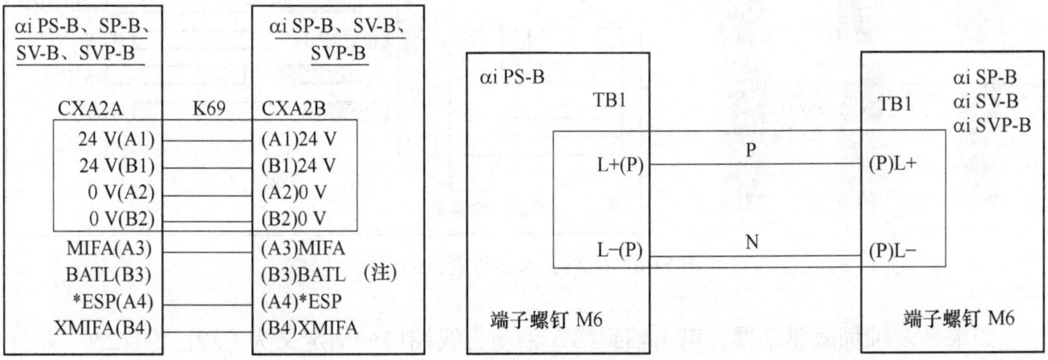

图 5-14　伺服驱动器电源连接

5.3.1.3　通信

一条来自 CNC 控制器的光纤通信回路如图 5-15 所示。

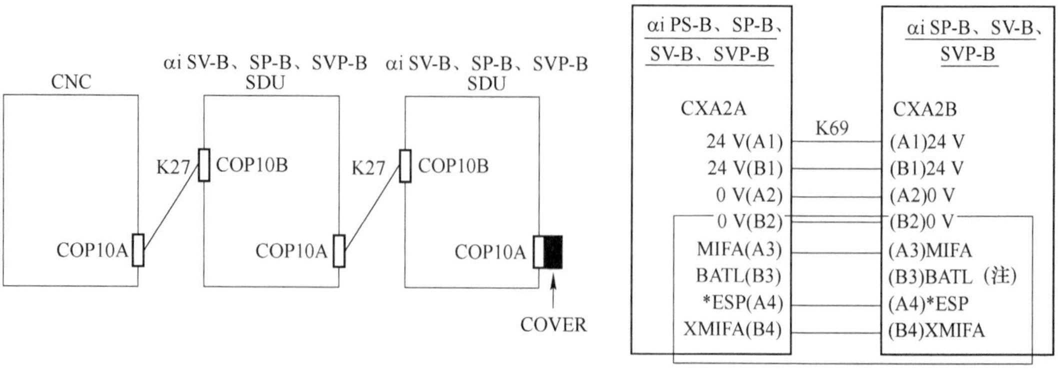

图 5-15　伺服驱动器的通信

5.3.1.4　电机动力线

伺服驱动器与电机的连接，有动力线连接和编码器反馈连接，如图 5-16 所示。

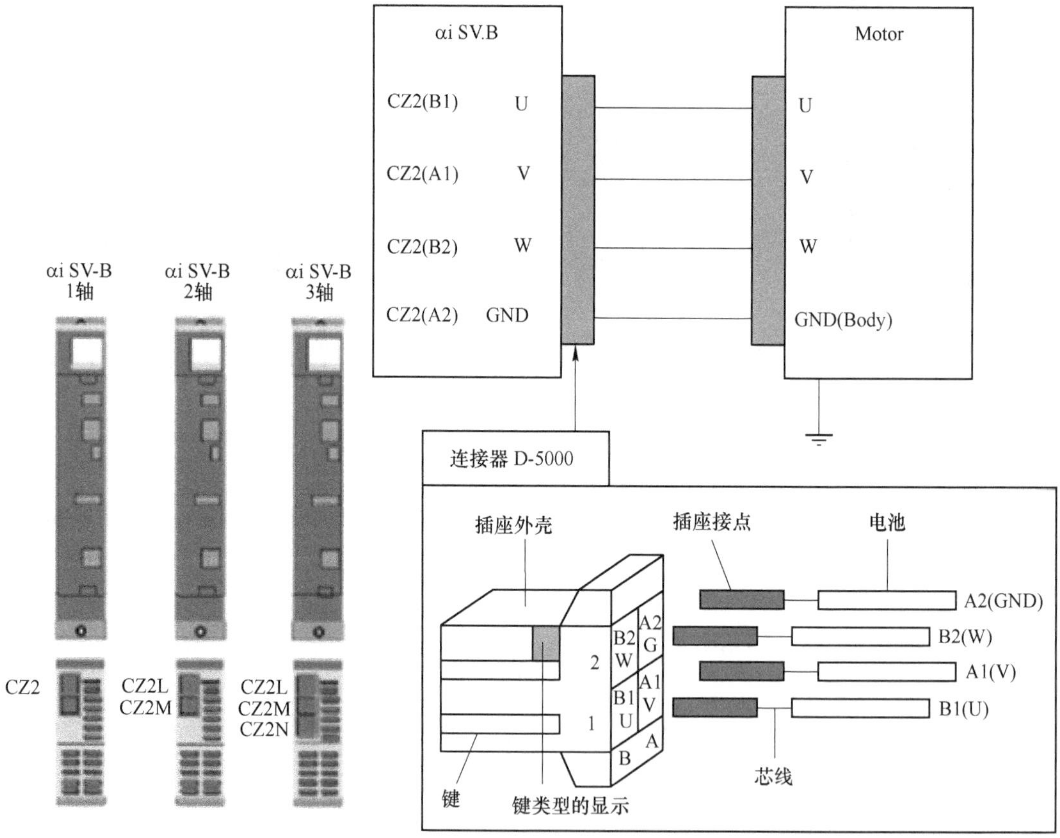

图 5-16　伺服驱动器与电机的连接

如果是多轴伺服驱动器，第 1 轴到第 3 轴动力线端口分别定义为 CZ2L/2M/2N，并且动力插头导向键槽有区别，见表 5-6。

表 5-6　动力插头规格表

键规格	适 用 范 围
XX	单轴、双轴、三轴驱动器的 L 轴（第 1 轴）
XY	双轴、三轴驱动器的 M 轴（第 2 轴）
YY	三轴驱动器的 N 轴（第 3 轴）

5.3.1.5　电机编码器反馈

伺服电机的编码器反馈至伺服驱动器的 JFx 端口，x 为驱动电机的轴号，例如：JF2 为第 2 轴编码器反馈。如果电机编码器为绝对位置编码器时，还需要在伺服驱动器上加装 6 V 电池给编码器供电。

（1）外置电池连接方式。外置电池盒安装 4 节 1.5 V 碱性干电池，给所有的驱动器连接的编码器供电。

（2）内置电池连接方式。在驱动器上安装 6 V 的锂电池，给该驱动器所连接的编码器供电。

5.3.1.6　连接总图

以双轴驱动器为例，如图 5-17 所示，作为 βi 驱动器的硬件端口与 αi 的基本一致。

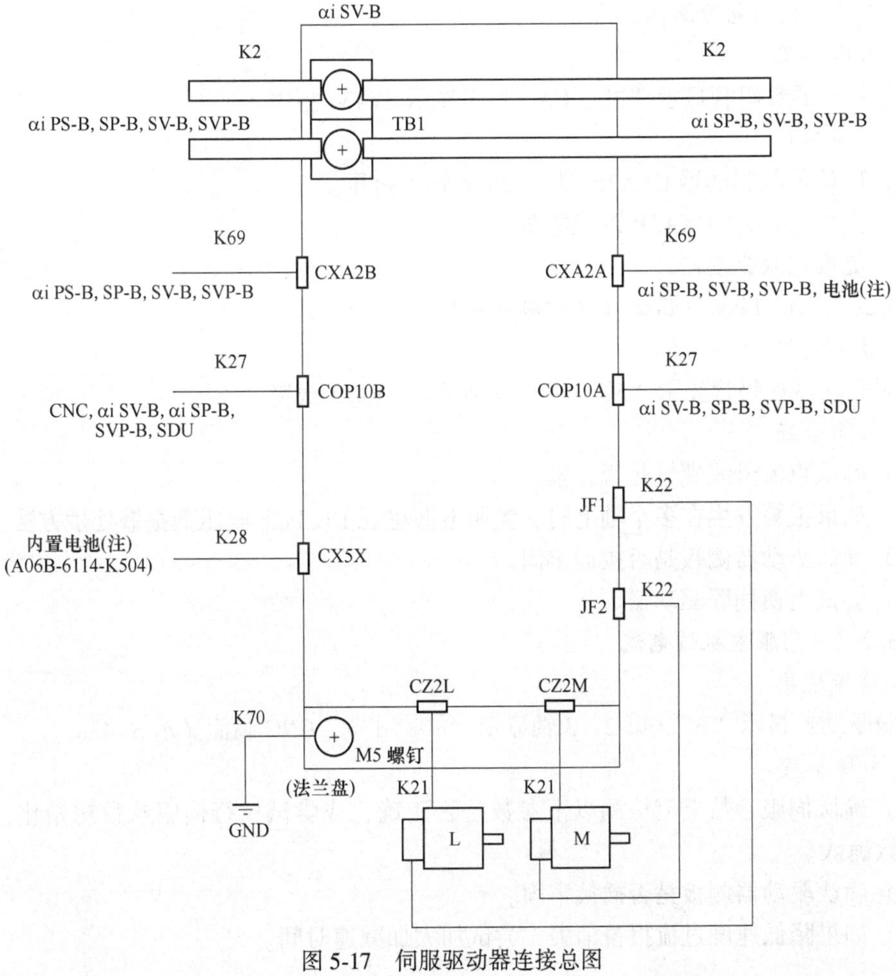

图 5-17　伺服驱动器连接总图

5.3.2　伺服驱动器故障排查

5.3.2.1　伺服驱动器数码管不亮

A　故障现象

伺服驱动器数码管不亮，CNC 系统上电后，通信检测异常 SV1067FSSB 通信报警。

B　故障排查

（1）确认伺服驱动器前级连接的设备，如电源单元或主轴、伺服驱动器数码管是否点亮，如果不亮，检查前级设备电源回路，如果点亮，拔下 CXA2 电缆，并测量端口控制电压确认输入电压是否正常，跨接电缆线是否完好。

（2）按住伺服驱动器侧板上下锁扣拔出伺服驱动器侧板，检查电路板 FU1（3.2 A）保险。

（3）如果输入电源和保险没有问题，则应该为短路造成的故障，拔下伺服驱动器上的反馈电缆以及电机动力线，确认数码管是否点亮。

（4）如果数码管点亮，则为外部短路引起，确认伺服电机绕组对地，以及编码器是否存在短路。

（5）反之则为伺服驱动器内部电源故障，尝试更换伺服驱动器。

5.3.2.2　控制电源降低

A　故障现象

伺服驱动器数码管显示“2”，CNC 画面显示 SV434 报警。

B　故障排查

（1）确认伺服驱动器 CXA2B 端口+24 V 输入电压。

（2）更换 CXA2A-CXA2B 跨接电缆。

（3）更换伺服驱动器。

5.3.2.3　DC Link 电压低（主回路电源）

A　故障现象

伺服驱动器数码管显示“5”，CNC 画面显示 SV435 报警。

B　故障排查

（1）确认直流母线螺钉是否拧紧。

（2）如果报警发生在多个轴上时，参照电源单元 DC Link 电压低报警处理方法。

（3）确认驱动器侧板是否接插牢固。

（4）尝试更换伺服驱动器。

5.3.2.4　伺服电机过电流

A　故障现象

伺服驱动器显示“b”（第 2、3 轴显示“c”“d”），CNC 画面显示 SV438。

B　故障排查

（1）确认伺服参数电流检测以下参数是否正确，或尝试执行伺服参数初始化，载入标准参数确认。

（2）确认驱动器侧板是否插接牢固。

（3）如果降低速度过流报警消失，尝试加大加减速时间。

(4) 拆下电机动力线，测量电机三相绕组对地以及动力线绝缘。

(5) 外部绝缘没有问题，尝试更换伺服驱动器。

5.3.2.5　伺服电机异常电流

A　故障现象

数码管显示“-”，CNC 控制器显示 SV0011 伺服电机异常电流。

B　故障排查

区别于过电流，该异常电流检测来自伺服软件检测。

(1) 确认伺服电机动力线是否缺相、错相或未连接。

(2) 按照伺服电机过电流 SV438 检查步骤进行。

5.3.2.6　风扇报警（αi 伺服驱动器）

A　故障现象

数码管显示“1”或“F”闪烁，CNC 控制器显示 SV444（内部冷却风扇停转）和 ISV601（散热器风扇停转）。

B　故障排查

首先在硬件上要区别内部和散热器风扇。

(1) 确认风扇是否旋转，如果不转，拆下风扇进行清洁，确认是否为机械堵转。

(2) 更换风扇，确认是否为风扇本体故障。

(3) 尝试更换驱动器。

任务 5.4　伺服位置检测器及报警处理

5.4.1　位置检测器

位置检测器的主要作用是采集机械移动的位置信息和速度信息，并将这些信息反馈至控制器的轴卡中进行控制，其种类根据反馈形式和对位置的记忆功能有所不同，如图 5-18 所示。按安装的位置分为内置编码器和外置编码器。

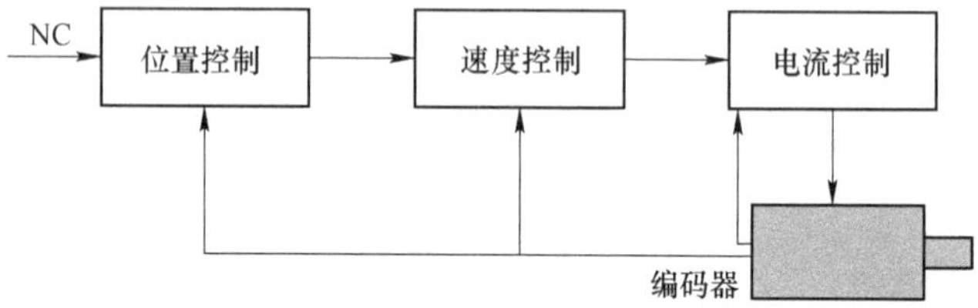

图 5-18　位置检测器

5.4.2　内置编码器

内置脉冲编码器就是来检测伺服电机旋转精度的检测仪器，安装在电机后方，包括位置、速度检测、磁极位置检测，原理如图 5-19 所示。

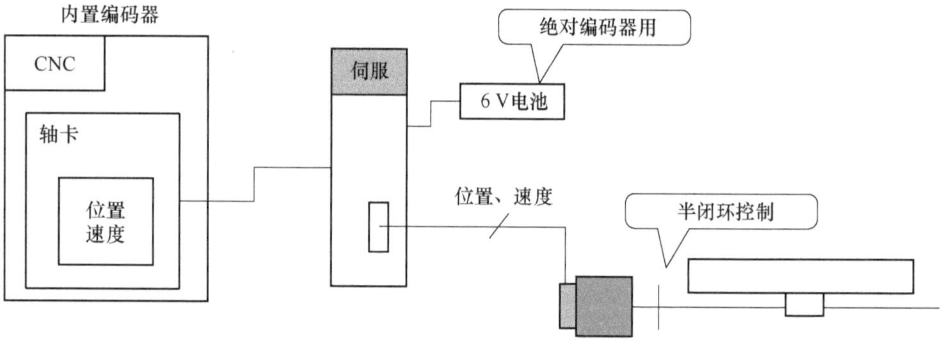

图 5-19　内置编码器原理图

绝对位置编码器可以用于断电时记忆机床位置，在其编码器内部有个计数器，可以记录当前位置，并通过电池断电维持，开机后可以直接进行加工。

5.4.2.1　内置编码器参数设定

内置编码器参数设定见表 5-7。

表 5-7　内置编码器参数设定

参数	1815#5	0：增量编码器　　1：绝对编码器
参数	1815#1	0：不使用 SDU　　1：使用 SDU

5.4.2.2　内置编码器结构与工作原理

当前的伺服编码器（encoder）采用串行通信方式，将编码器中的信号处理后传送给数字伺服进行处理。

5.4.2.3　FANUC 编码器内部器件与外形

FANUC 编码器内部器件与外形如图 5-20 所示。

(a)　(b)　(c)

图 5-20　FANUC 编码器内部器件与外形

(a) 光码盘；(b) 接口电路；(c) 外观

5.4.2.4　作用

(1) 位置、速度、方向、基准的检测。

(2) 磁极位置检测。

(3) 伺服电机温度检测。

5.4.2.5　内置编码器与放大器的连接

内置编码器与放大器的连接如图 5-21 所示。

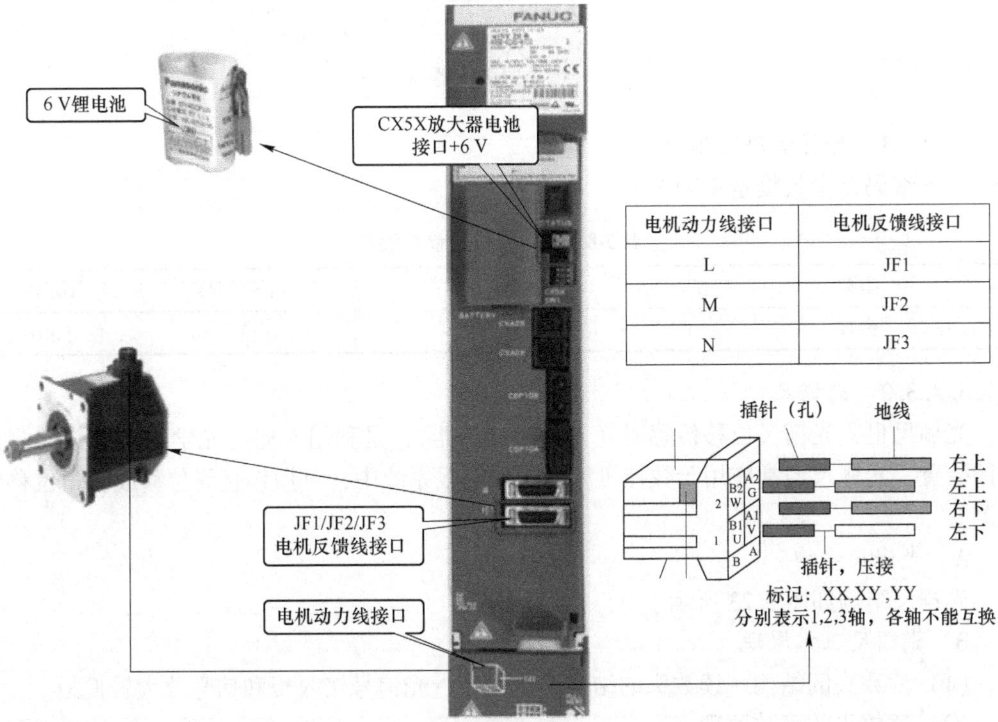

电机动力线接口	电机反馈线接口
L	JF1
M	JF2
N	JF3

图 5-21　内置编码器与放大器的连接

5.4.2.6　内置编码器的安装与调整

由于脉冲编码器及电机属精密设备，操作时请轻拿轻放，避免敲击。要注意不要使脉冲编码器上附着粉尘与垃圾。

（1）在电机上安装脉冲编码器和欧氏联轴节。顺着欧氏联轴节接头与欧氏联轴节的方向使其啮合。

（2）用 4 根 M4 内六角螺栓固定脉冲编码器。

5.4.3　外置编码器

由于外置编码器安装在床身和工作台之间，这种数控机床精度和稳定性最好。理论上可以消除整个驱动和传动环节的误差、间隙和失动量，具有很高的位置控制精度，属于全闭环控制，原理如图 5-22 所示。

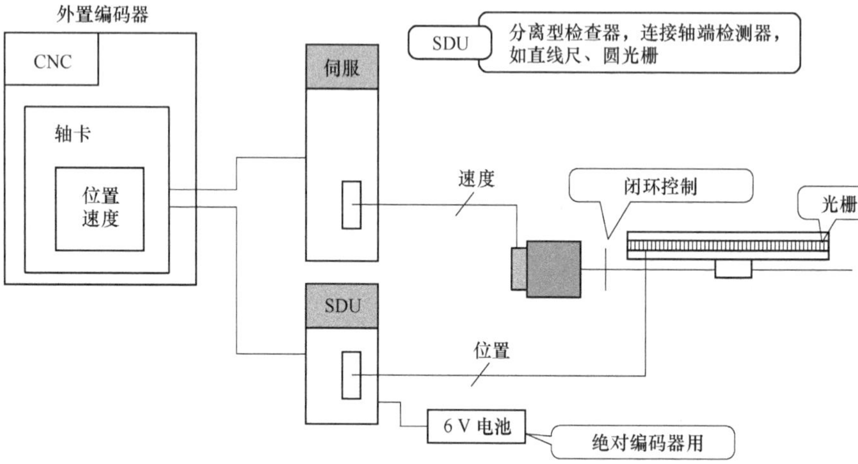

图 5-22　外置编码器原理图

5.4.3.1　外置编码器参数设定

外置编码器参数设定见表 5-8。

表 5-8　外置编码器参数设定

参数	1815#5	0：增量编码器　　1：绝对编码器
参数	1815#1	0：不使用 SDU　　1：使用 SDU

5.4.3.2　光栅尺

光栅尺也称光栅尺位移传感器（光栅尺传感器），是利用光栅的光学原理工作的测量反馈装置。光栅尺经常应用于数控机床的闭环伺服系统中，可用作直线位移或者角位移的检测。

A　光栅尺结构

光栅尺结构如图 5-23 所示。

B　光栅尺工作原理

（1）读数头的结构。读数头的结构即发光板、光信号接收板和信号放大转换板。

（2）读数头的读数原理。

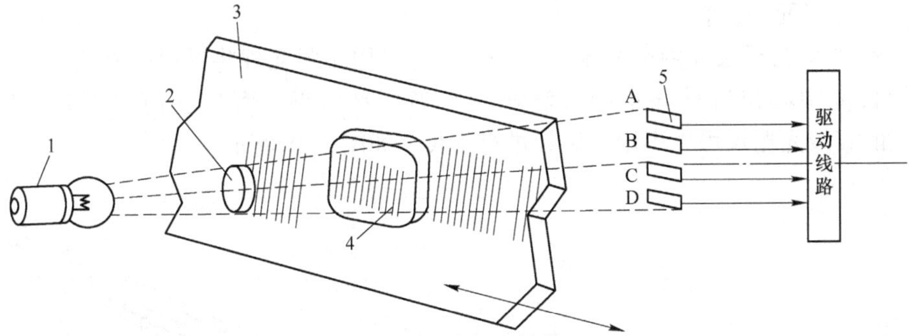

图 5-23　光栅尺结构

1—光源；2—透镜；3—标尺光栅；4—指示光栅；5—光电元件

1）光源。一组发光二极管组成光源。

2）光栅尺。标尺光栅和指示光栅统称为光栅尺。

3）光敏二极管。光敏二极管也称光敏元件，是一种将光信号转换成电信号的元件，而且是光敏元件，能根据光强不同感应出不同幅值的电压信号。

C　光栅尺的安装与调整

光栅尺线位移传感器的安装比较灵活，可安装在机床的不同部位。

光栅尺的安装可以采用两种方式：一种是定尺固定在机床床身静止位置，动尺安装在工作台上，随着工作台的移动而移动；另一种为定尺随工作台的移动而动，动尺安装在机床床身静止位置。

（1）标准安装方法。

两个 M8 螺栓将直线光栅尺固定在平表面位置。

（2）用安装板安装。

用安装板安装紧凑外壳直线光栅尺有突出优点。可在组装机床时将它固定在机床上。最后安装时，只需将光栅尺夹紧即可。因此，可以很容易更换光栅尺，便于检修，如图 5-24 所示。

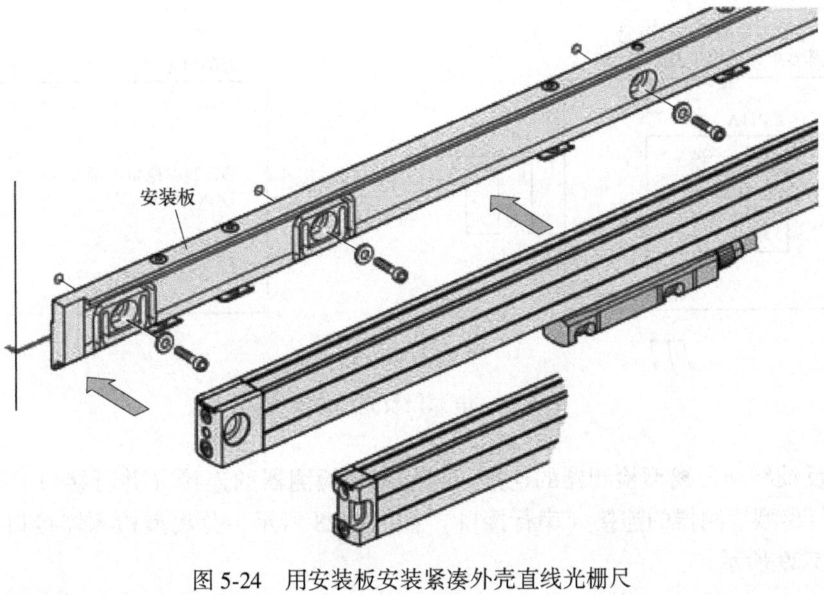

图 5-24　用安装板安装紧凑外壳直线光栅尺

（3）用压紧元件安装。

LC 4×3 直线光栅尺在两端固定。此外，也可以用压紧元件将其固定在安装面处。这种在测量长度中心位置处固定的方法比较容易而且可靠。而且这使得测量长度大于 1240 mm 的直线光栅尺可以不用安装板进行安装，如图 5-25 所示。

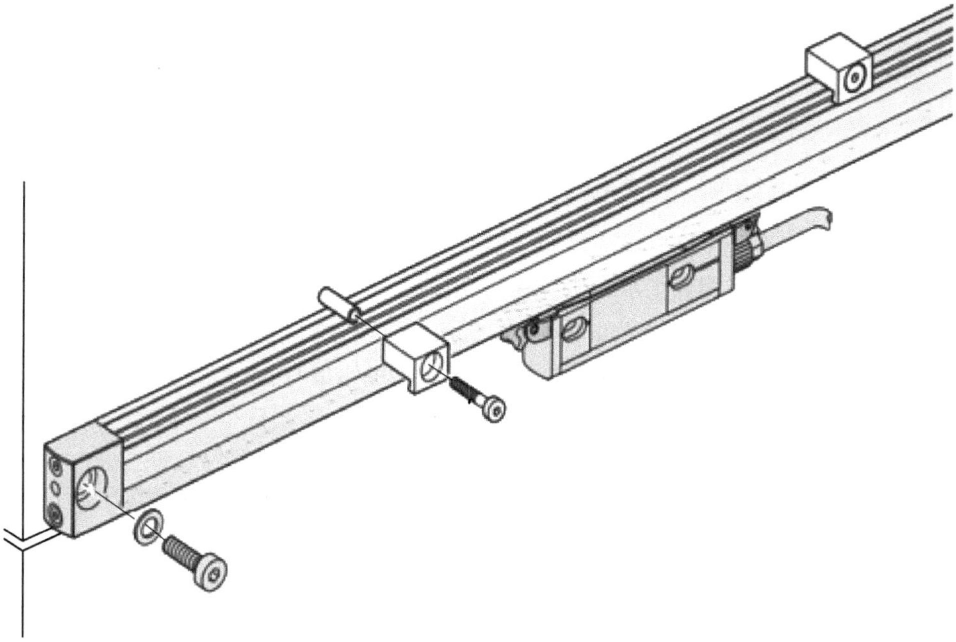

图 5-25　用压紧元件安装紧凑外壳直线光栅尺

5.4.3.3　分离型检测器接口单元的连接

（1）电源以及光纤的连接。电源以及光纤的连接如图 5-26 所示。

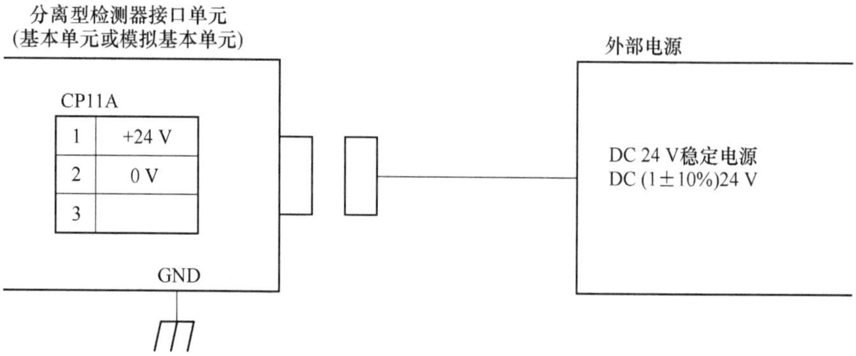

图 5-26　电源以及光纤的连接

（2）反馈线与分离型检测器的连接。与分离型检测器的连接（并行接口）如图 5-27 所示，与分离型检测器的连接（串行接口）如图 5-28 所示，分离型检测器接口单元的连接图如图 5-29 所示。

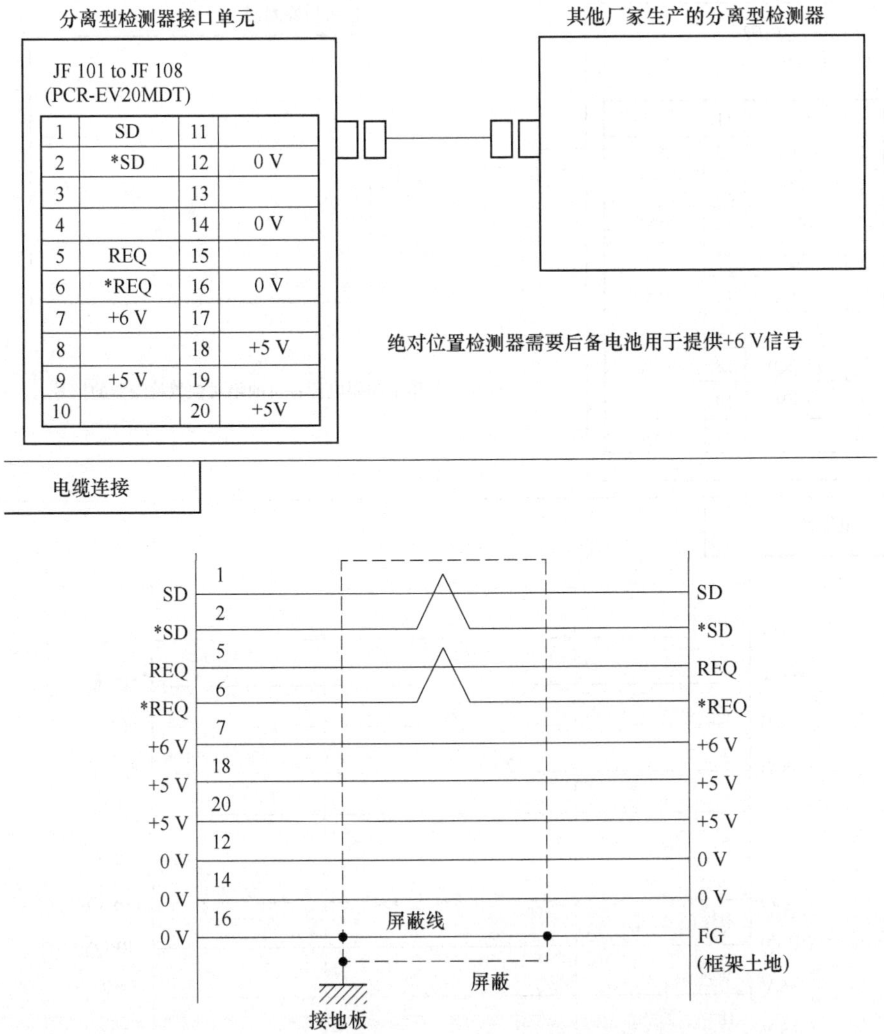

图 5-27　与分离型检测器的连接（并行接口）

（3）绝对位置检测器用电池的连接。

（4）基本单元和附加单元之间的连接。

5.4.4　位置检测及反馈报警

5.4.4.1　内置编码器常见报警列表

内置编码器常见报警列表见表 5-9。

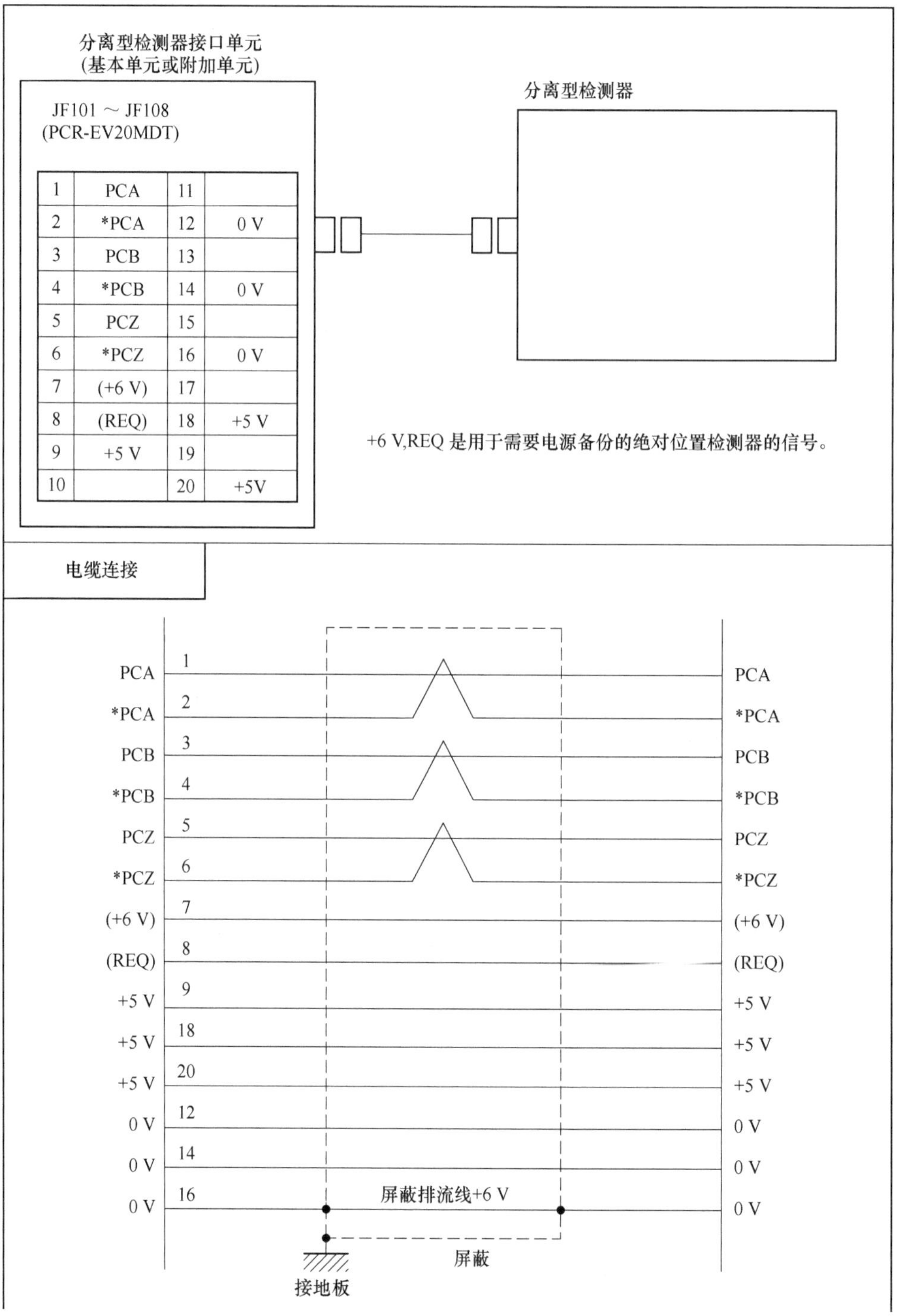

图 5-28　与分离型检测器的连接（串行接口）

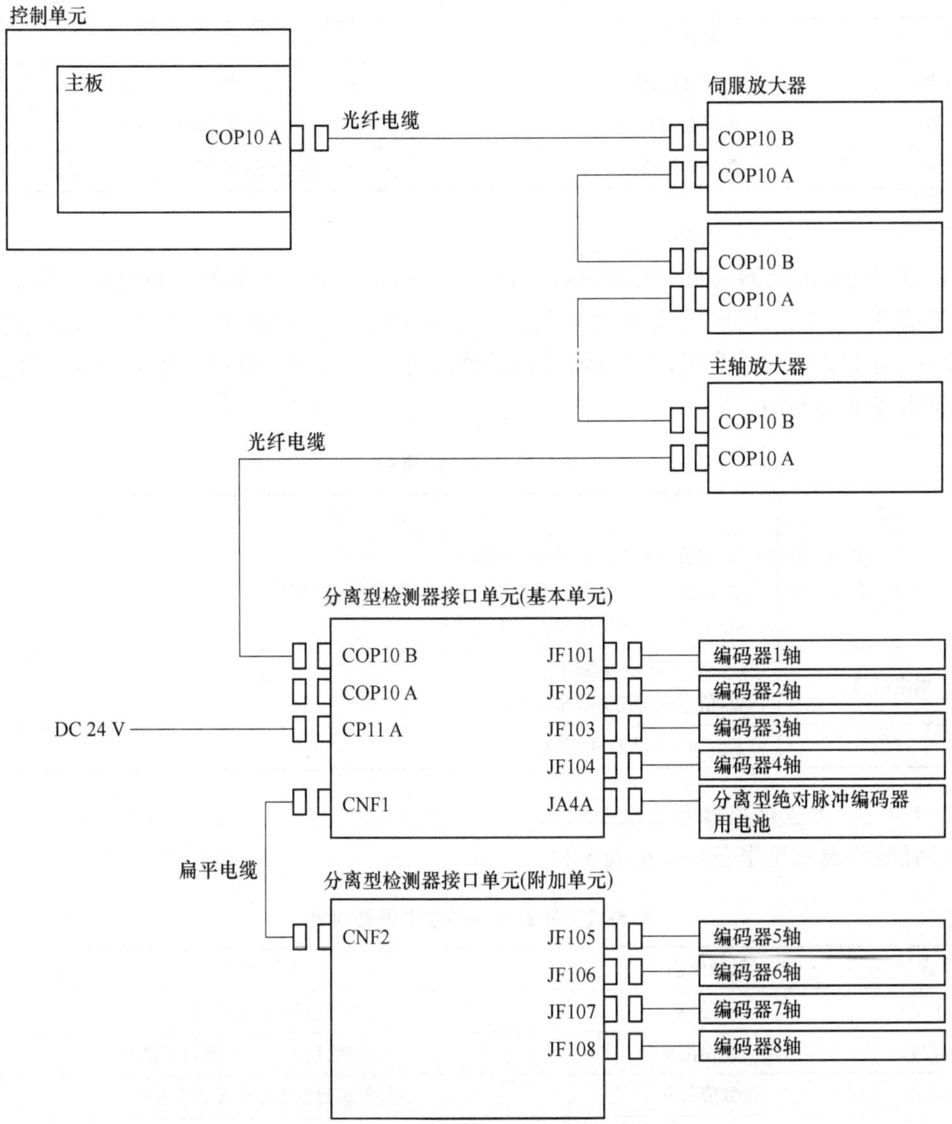

图 5-29 分离型检测器接口单元的连接图

表 5-9 内置编码器常见报警列表

报警号	报警信息	报警内容
SV360	脉冲编码器代码和检查错误	在内装编码器中产生检查和报警
SV361	脉冲编码器相位异常	在内装编码器中产生相位异常报警
SV362	REV. 数据异常	在内装编程器中产生转速计数异常报警
SV363	时钟异常	在内装编码器中产生时钟异常报警
SV364	软相位报警	数字伺服软件在编码器中检测出异常
SV365	LED 异常	内装编码器的 LED 异常
SV366	脉冲丢失	在内装编码器中产生脉冲丢失

续表 5-9

报警号	报警信息	报警内容
SV367	计数值丢失	在内装编码器中产生计数值丢失
SV368	串行数据错误	不能接收内装编码器的通信数据
SV369	数据传送错误	在接收内装编码器数据时产生 CRC 错误

5.4.4.2　故障排查思路

在进行内置编码器故障维修的时候，首先确定故障现象，比如发生的频率，系统显示的报警信息，系统、伺服及主轴放大器 LED 显示信息等，除此之外还可以查询诊断号 200~203，通过诊断号信息可以对故障部位的确定有一定帮助。对位置检测机反馈装置的抗干扰措施见表 5-10。

表 5-10　抗干扰措施

类别	措　施
强电回路	① 加装隔离变压器或噪声滤波器。 ② 接触器、电磁阀、继电器加装灭弧器或续流二极管（直流）。 ③ 动力线采用屏蔽线，屏蔽层接地
弱电回路	① 信号线屏蔽侧接地。 ② 信号线与动力线布线分开
接地	机床地+信号地+机壳地

5.4.4.3　外置编码器常见报警列表

外置编码器常见报警列表见表 5-11。

表 5-11　外置编码器常见报警列表

报警号	报警信息	报警内容
SV380	LED 异常	外置编码器错误
SV381	编码器相位异常	外置直线尺上发生位置异常错误
SV382	计数值丢失	外置编码器上发生计数值丢失
SV383	脉冲丢失	外置编码器上发生脉冲丢失
SV384	软相位报警	数字伺服软件在外置编码器中检测出异常
SV385	串行数据错误	不能接收来自外置编码器中的数据
SV386	数据传送错误	在接收外置编码器数据通信中，产生 CRC 错误
SV387	编码器异常	外置编码器发生异常，与制造商联系
SV380	LED 异常	外置编码器错误
SV381	编码器相位异常	外置直线尺上发生位置异常错误

5.4.4.4　故障排查思路

在进行外置编码器故障维修的时候，首先也要确定故障现象，比如发生的频率等。在故障排除过程中可以查询诊断号 205、206，通过诊断号信息可以对故障部位的确定有一定帮助。

5.4.4.5　伺服超差报警

（1）动态超差（SV411）：NC 发出移动指令，检测指令脉冲和反馈脉冲之差，超过 No. 1828 设定值。

（2）静态超差（SV410）：NC 没有移动指令发出时，检测出反馈脉冲超过 No. 1829 设定值。

（3）故障排查思路：如图 5-30 所示。

图 5-30　伺服故障排查思路

任务 5.5　参考点的建立与调整

5.5.1　数控机床参考点的认知

5.5.1.1　建立参考点的目的

把机械移动到机床的固定点（参考点：原点），使机床位置与 CNC 的机械坐标位置重合地操作，称为参考点设定。

增量式脉冲编码器，检测 CNC 电源接通后的移动量。由于 CNC 电源切断时机械位置丢失，因此电源接通后需进行回参考点。

绝对式脉冲编码器，即使 CNC 电源切断也仍能用电池工作。因此，只要装机调试时设定好参考点，就不会丢失机械位置，所以可省去电源接通后回参考点的操作。

5.5.1.2　参考点设定的方式

参考点设定的方式通称为栅格方式，见表 5-12，它是通过基于位置检测器的一转信号的电气晶格（栅格）来确定参考点的一种方式。

表 5-12　参考点设定方式

返回参考点的方法		减速挡块	脉冲编码器	
			绝对式	增量式
栅格方式	无挡块参考点的设定	无	△	◎
	有挡块方式参考点返回	必须	◎	◎
非栅格方式	对准标记设定参考点	无	△	△

注：△不建议采用；◎建议采用。

5.5.2　数控机床参考点的分类与建立方法

5.5.2.1　回零相关参数

回零相关参数见表 5-13。

表 5-13　回零相关参数

参数号	#7	#6	#5	#4	#3	#2	#1	#0
1005							DLZx	
1815			APCx	APZx			OPTx	
1850	每个轴的栅格偏移量/参考点偏移量							

1005：DLZ=0，有挡块回参考点方式。

1815：OPT=0，不使用外置检测器。

APZ=1，绝对检测零点已经建立。

APC=1，使用绝对检测器。

5.5.2.2　手动参考点返回与如下信号相关

手动参考点返回相关信号见表 5-14。

表 5-14 手动参考点返回相关信号

方式的选择	MD1，MD2，MD4
参考点返回的选择	ZRN，MREF
移动轴的选择	+J1，-J1，+J2，-J2，+J3，-J3，…
移动方向的选择	
移动速度的选择	ROV1，ROV2
参考点返回用减速信号	* DEC1，* DEC2，* DEC3，…
参考点返回完成信号	ZP1，ZP2，ZP3，…
参考点建立信号	ZRF1，ZRF2，ZRF3，…

参考点返回用减速信号：* DECx，见表 5-15，由减速开关发出，CNC 直接读取该信号，无须 PMC 的处理。

表 5-15 参考点返回减速信号

地址	#7	#6	#5	#4	#3	#2	#1	#0
X009	* DEC8	* DEC7	* DEC6	* DEC5	* DEC4	* DEC3	* DEC2	* DEC1

参考点建立信号：ZRFx（Zero Reference）。

参考点建立信号见表 5-16，建立参考点过程中，当显示的位置坐标和机械原点位置一致时，此信号变为 1。

表 5-16 参考点建立信号

地址	#7	#6	#5	#4	#3	#2	#1	#0
F120	ZRF8	ZRF7	ZRF6	ZRF5	ZRF4	ZRF3	ZRF2	ZRF1

注：1. 使用增量脉冲编码器时，电源接通后进行 1 次返回参考点后就变为 1，并且在切断电源之前（除了脉冲编码器报警等情况）均为 1；

2. 使用绝对脉冲编码器时，建立参考点（参数 1815#4：APZ 为 1）后，就变为 1。

参考点返回完成信号：ZPx（Zero Position），见表 5-17。

ZPnA：n =参考点号，A=轴号。

表 5-17 参考点返回完成信号

地址	#7	#6	#5	#4	#3	#2	#1	#0
F094	ZP8	ZP7	ZP6	ZP5	ZP4	ZP3	ZP2	ZP1
F096	ZP28	ZP27	ZP26	ZP25	ZP24	ZP23	ZP22	ZP21
F098	ZP38	ZP37	ZP36	ZP35	ZP34	ZP33	ZP32	ZP31
F100	ZP48	ZP47	ZP46	ZP45	ZP44	ZP43	ZP42	ZP41

注：1. 手动返回参考点或自动返回参考点（G28）完毕时，返回参考点完成信号（ZPx）变为 1；

2. 用手动进给或自动运行从参考点开始移动，或者按急停按钮等，将使返回参考点完成信号（ZPx）变为 0。

5.5.2.3 基准点式参考点

基准点式参考点是一种使机床移动到标记的位置，从而简单设定参考点的方法，设置方法如图 5-31 所示。

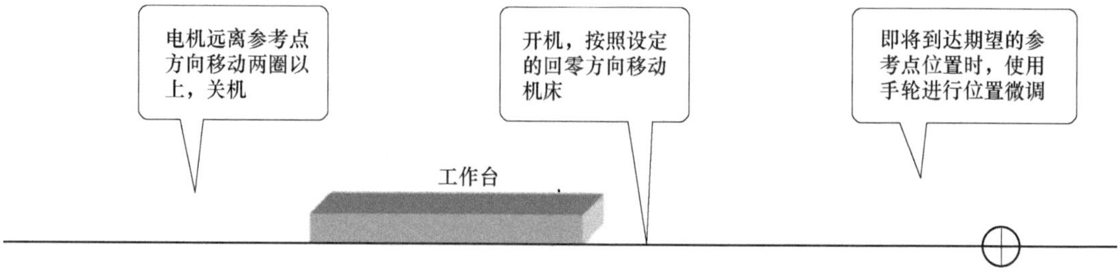

图 5-31　基准点式参考点设置图

通过 MDI 工作模式，手动将参数 1815#4 设定为 1。当前位置将记忆为参考点位置。

5.5.2.4　挡块式参考点

通过在机械上某一固定点安装减速开关，和工作台上的挡块进行碰压来确定参考点的位置，设置方法如图 5-32 所示。

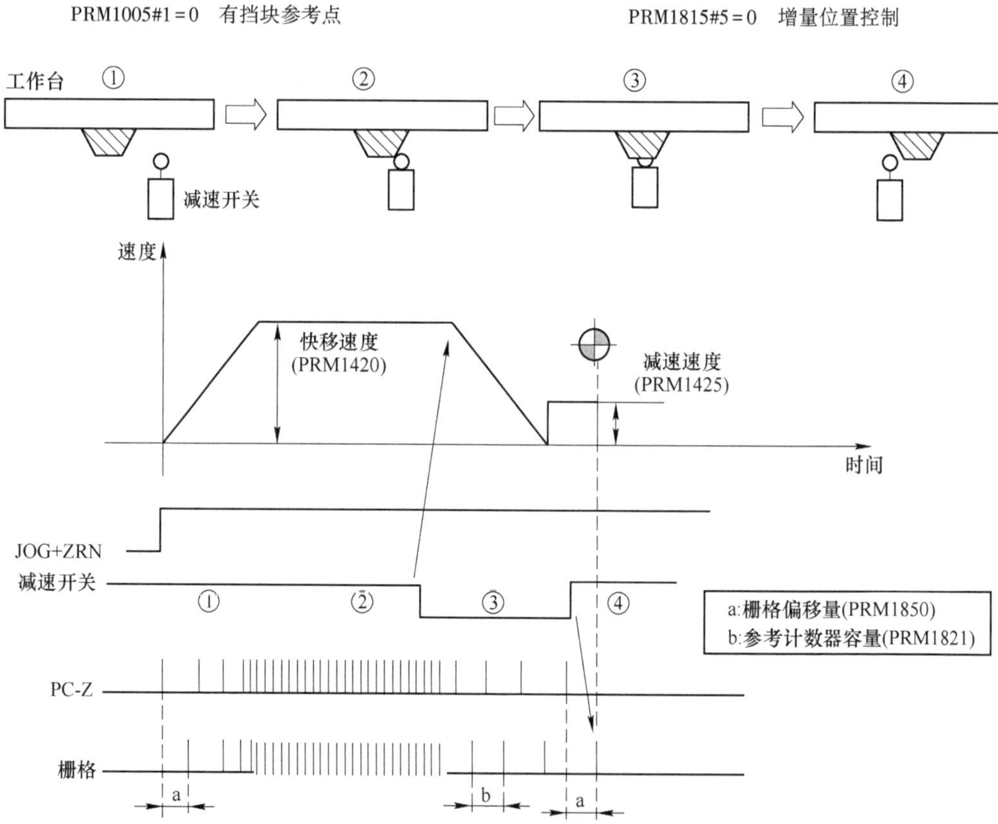

图 5-32　挡块式参考点设置图

使用减速挡块回参考点使用 CNC 内部设计的栅格（每隔一定距离的信号）进行停止，也称栅格方式，设置方法如图 5-33 所示。

1 个栅格的距离等于检测单位 X 参考计数器容量。

（1）确认减速挡块的位置。

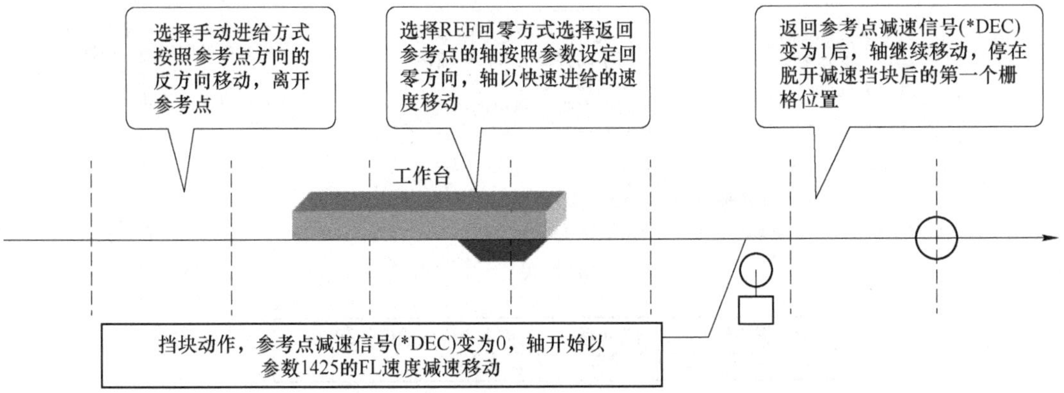

图 5-33　栅格方式参考点设置图

改变 No. 1850 参数，可以在 No. 1821 设定的栅格范围内进行栅格的偏移，从而调整原点。

例如，参考点向正方向调整 2.5 mm，则 No. 1850 = 2500（u）因机械上不能保证每次对减速挡块的碰压和弹起时间的一致，所以如何调整脱开挡块距离原点的位置（脱开挡块的第一个栅格）就变得非常关键。该调整不当时，会发生参考点偏差在一个螺距的现象。

（2）调整方法：

1）参考点建立后，观察诊断 No. 302 数值，该值为脱开挡块到第一个栅格的距离，正确位置应该为 No. 1821 设定值的一半左右；

2）如果诊断 No. 302 数值过小或过大，No. 1821 = 10000 诊断 No. 302 = 500 或 9000，则需要调整脱开挡块的位置；

3）通过移动挡块（安装位置有调整余量）或调整 No. 1850 后再次回零，确认 No. 302 数值是否正确。

5.5.2.5　无挡块式参考点

（1）参数设定：

PRM1005#1 = 1 无挡块参考点设定；

PRM1815#5 = 1 绝对位置控制。

（2）在 JOG 进给下朝着参考点返回方向移动（电机两转以上），停在紧靠参考点的附近位置。

（3）选择手动参考点返回方式，按照参数 1006#5（ZMIx）中所设定的参考点返回方向按下回零点轴选按键。

（4）轴向参考点返回方向移动，基于位置检测器的一转信号的电气栅格位置将该点作为参考点。

（5）确认已经到位后，参考点返回完成信号（ZP1）和参考点建立信号（ZRF1）即被设定为“1”。

无挡块式参考点设置方法如图 5-34 所示，用手动进给或手轮进给，使机床电动机转动一转以上，切断电源，重新接通。该环节速度和方向不受限制，如没有进行此项操作直接回零，出现 PS90 号报警。

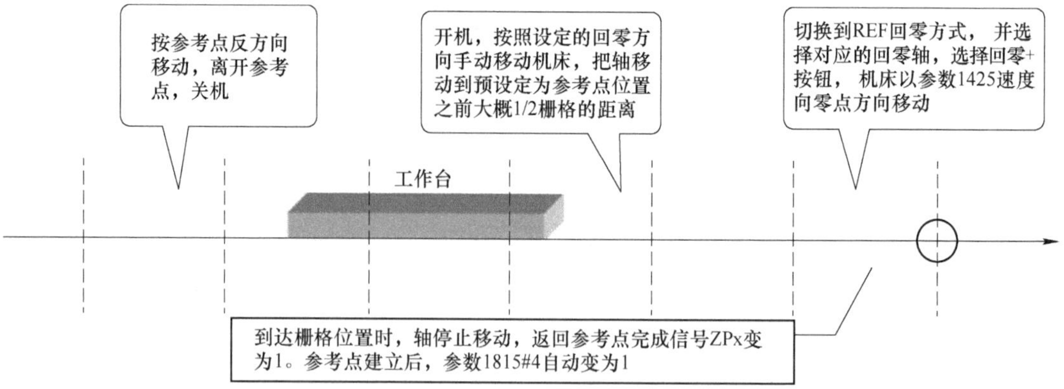

图5-34　无挡块式参考点设置图

5.5.3　参考点报警与故障排查

5.5.3.1　DS300：APC报警，须回参考点

A　故障现象

0i MF系统数控机床（伺服电机：αi绝对位置编码器），在开机后，显示DS0300 APC报警：Y轴须回参考点和DS0306 APC。报警：电池电压0。

B　故障原因

APC报警是绝对编码器相关的报警，DS0300报警需要进行绝对位置检测器的原点设定（参考点与绝对位置检测器的计数器值之间的对应关系）。请执行返回参考点操作。DS306 APC报警：电池电压0。说明了保持数据的电池故障。具体的故障原因有：

（1）绝对位置编码器电池电压不足导致的机床位置绝对位置丢失；

（2）绝对位置编码器反馈电缆松动或破损；

（3）伺服驱动器故障；

（4）绝对位置编码器故障。

C　故障处理

（1）用万用表测量伺服驱动器上电池，若为3.5 V以上，说明该电池还可以使用，若3.5 V以下，说明了电池电压低，更换电池并重新建立参考点。

（2）若电池在3.5 V以上，说明该报警不是真正的电池低报警，而是由于其他问题。

（3）检查编码器反馈连接是否松动以及破损，若电池若反馈线松动和破损应重新插好或更换。

（4）若是电缆反馈线是完好的，就要考虑是伺服驱动器控制模块是否损坏，可以采用比较或更换法处理。

（5）若伺服驱动器都是完好的情况下，就要考虑绝对位置编码器本身是否有故障。

5.5.3.2　PS0090：参考点返回位置异常

A　故障现象

挡块式执行参考点返回时，碰压挡块时出现PS0090报警。

B　故障原因

（1）执行回零速度太低。

（2）在碰压减速开关位置执行寻找零点（也是速度太低原因）。

（3）移动距离少于 1 转。

（4）编码器故障。

C 故障处理

（1）检查 No. 1420 和 No. 1424 参数设定值，以及快速移动倍率开关是否为快速挡位。

（2）确认减速开关信号是否为正常状态。

（3）反方向移动一段距离，确保脱开挡块后，再次执行参考点返回。

（4）以上确认后故障依旧，更换电机编码器。

任务 5.6　软限位与硬限位的调整

5.6.1　数控机床的行程限位形式

5.6.1.1　数控机床限位保护的配置与工作原理

不管是软限位报警或硬限位报警，都是为了保证数控机床的运行安全，数控机床直线轴的两端要进行限位控制，这是数控机床运动轴必备的安全保护措施之一，其主要功能是将数控机床进给运动限制在安全合理的范围内。

数控机床的限位分为软限位、硬限位。

软限位其实是以机床参考点为基准，用机床参数设定轴的运动范围。

硬限位控制是数控机床的外部安全措施，硬限位是利用行程开关（或接近开关）等硬件条件限定机床进给轴极限位置。

5.6.1.2　软限位、硬限位的关系

在数控机床上软、硬两种限位方式均有应用或一起使用，其相互关系如图 5-35 所示。合理设置的软限位一般应该在机床硬限位之前，即软限位先起作用，硬限位是在其之后的第二道限位保护，以机床进给轴的软硬限位为例来说明两者限位关系。

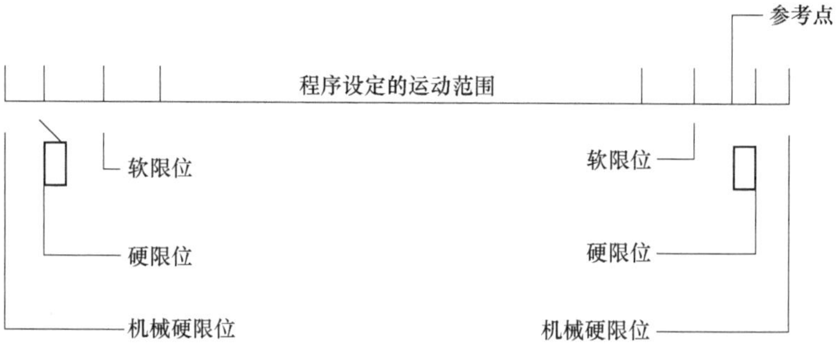

图 5-35　软、硬限位关系图

5.6.2　软限位调整

软限位是利用机床参数设定机床进给轴极限位置。

5.6.2.1　数控机床与存储行程检测相关的参数

在回参考点之前，设定最大值（参数 1320 = 99999999，各轴移动范围正极限），最小值（参数 1321 = -99999999，各轴移动范围负极限）参数 1320 的设定值小于参数 1321 的设定值时，行程无限大。

5.6.2.2　软限位调整注意点

（1）回参考点后才能建立。

（2）设置调整方法是回零后手动 JOG 移动轴，记录软限位机械坐标值。

（3）设置 1320 和 1321 软限位参数。

（4）机床限位保护时往往是软限位先起作用。

（5）先调整好硬限位后再设定好软限位。

（6）设置时应该离硬限位一段距离，留有一定的机械余量。

5.6.2.3　软限位调整方法

因为软硬限位一般一起调整，软限位点在硬限位之前，所以硬限位调整也可以参考以下详细步骤。

（1）先将机床回零。

（2）将机床软限位值改为不受限位作用的最大值（如 99999）和最小值（如 -99999）。

（3）将需限位轴用 JOG 或手摇方式运动到各轴限位位置，使机床产生硬限位报警，为了使软限位能在硬限位之前保护，设定值不能超过正、负硬限位，一般将记录的硬限位机床坐标值减去或加上 5~10 mm，设定至 No. 1320 和 No. 1321。

（4）JOG 移动到软限位轴软超程点处，检测超程报警是否发生，以验证软限位设置是否正确。

5.6.3　硬限位调整

在伺服轴的正、负极限位置，装有限位行程开关或接近开关，这就是所谓的硬限位。硬限位是伺服轴运动超程的最后一道防护，越过硬限位后的很短距离就到达机械行程两端尽头或称为机械硬限位。机床运动一旦撞上机械硬限位，就有可能造成机件的损坏，这是不允许的。

（1）限位开关信号输入处理。限位开关信号接入如图 5-36 所示。

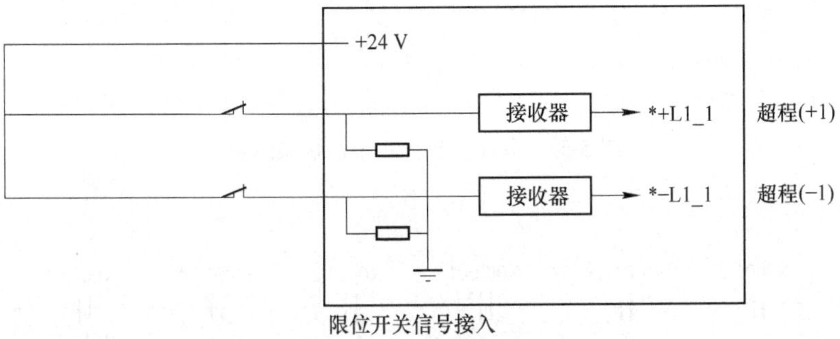

图 5-36　限位开关信号接入图

（2）急停、超程及超程解除回路。急停、超程及超程解除回路如图 5-37 所示，急停、超程及超程解除 PMC 编程如图 5-38 所示。

（3）系统采用专用信号地址。系统采用专用信号地址见表 5-18。

1）该信号为 0 时，报警 0T0506、0T0507、（超程报警）指示灯亮。

2）自动运行中，当任意一轴发生超程报警时，所有进给轴都将减速停止。

3）手动运行中，仅对于报警轴的报警方向不能进行移动，但是可以向相反的方向移动。不使用硬件超程信号时，设定以下系统参数。

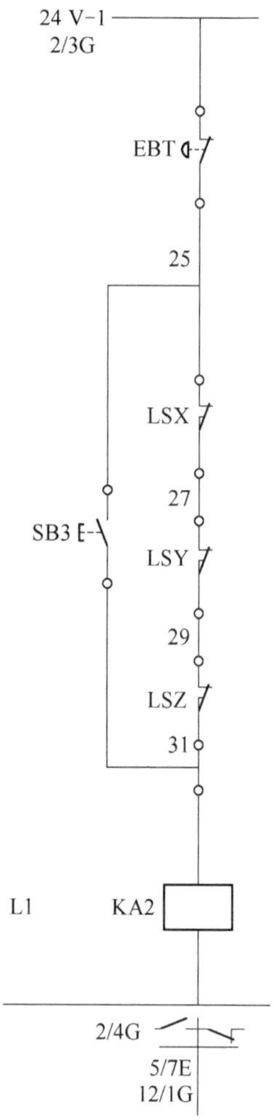

图 5-37　急停、超程及超程解除回路

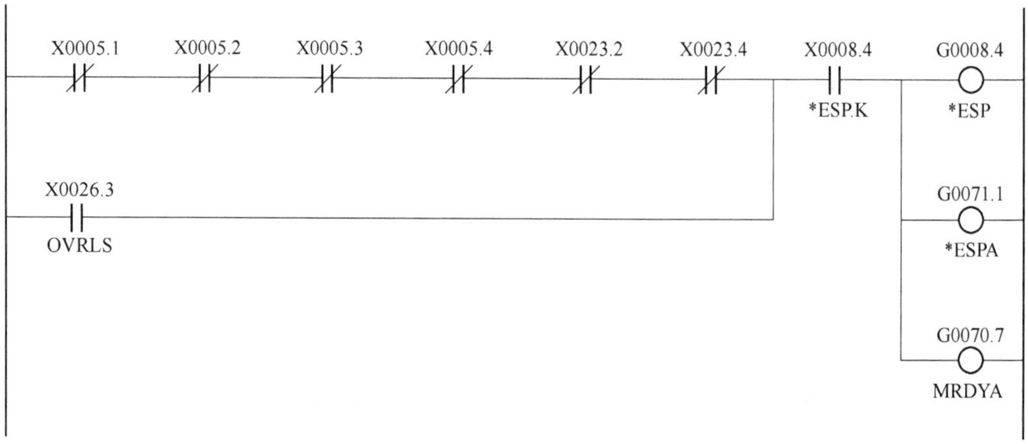

图 5-38　急停、超程及超程解除 PMC 编程

表 5-18 专用信号地址表

—	—	#7	#6	#5	#4	#3	#2	#1	#0
地址	G0114	—	—	—	* +L5	* +L4	* +L3	* +L2	* +L1
地址	G0116	—	—	—	* −L5	* −L4	* −L3	* −L2	* −L1

（4）系统采用专用信号地址。在回转轴等部分特殊轴上，不使用超程信号，另外如果三坐标数控铣床中仅涉及 X、Y、Z 三个坐标轴，还有其他不需要超程信号的轴，在 PMC 程序中使用 R9091.1 将 G0114.3、G0116.3 等始终置为“1”信号，使这些信号地址一直都为高电平信号，避免超程报警，如图 5-39 所示。

图 5-39 PMC 梯形图

（5）硬限位调整步骤。在完成参数设置，PMC 编程后，可按以下步骤进行硬限位调整。

1）先将机床回零。

2）修改软限位参数设为不起作用的最大值或最小值；使软限位不起作用，机床能够移动到硬限位位置。

3）调整也可以先屏蔽硬限位，通过修改参数 No. 3004#5 设置成 1，所有轴都不使用硬件超程信号，或者硬件上处理，例如拆除硬超程的输入点等，避免调整过程中硬限位报警出现后不能继续移动轴。

4）将需限位轴用 JOG 或手摇方式运动到各轴限位位置附近，先以低速碰撞机械限位，观察伺服运行电流判断，然后回退一定距离调整硬限位挡块，轻敲硬限位行程挡块位置保证压住行程开关，具体通过 T 型槽或其他方式调整挡块位置同时，也要考虑加工行程，留出软限位余量。

5）修改 3004#5 设置为 0，使硬限位生效，检查机床是否产生硬限位报警。

6）解除硬限位报警，之后再移回坐标轴使限位报警再次出现，观察所限位置是否合适，如果不合适须重新调整。

7）如果采用的为挡块式回零，确认减速挡块和正限位挡块位置是否干涉。

5.6.4 软硬限位报警与故障排查

要解除限位故障，首先要区分故障属于哪一类，即是软限位还是硬限位，可以通过观察报警信息或者是观察进给轴的实际位置判断。

（1）软限位解除。

（2）硬限位解除。

（3）机械限位。

（4）坐标系和数控程序错误造成故障。

（5）回参考点过程失败引起限位。

习　题

5-1　某 FANUC 数控铣床在回零操作时，X 轴频繁触发硬限位报警，试分析可能原因并说明如何调整软限位和硬限位以解决问题。

5-2　一台 FANUC 数控车床在加工过程中，Z 轴突然出现“LSTG02”报警（硬限位触发），但机床实际并未超出行程范围，试分析可能原因并说明如何调整软限位和硬限位。

5-3　某机床伺服驱动器数码管显示“5”，CNC 画面显示 SV435 报警，试分析可能原因并排除故障。

5-4　出现伺服驱动器数码管不亮的故障现象，简述故障排查过程。

项目 6　辅助装置故障诊断与维修

课 程 思 政

在数控机电行业，李斌团队是科技创新的楷模。李斌团队成员们在传统数控技术基础上，大胆突破。面对高端芯片依赖进口等难题，他们勇挑重担，深入研究数控系统的底层算法，自主研发出更高效、智能的控制系统。从优化程序代码到创新机械结构设计，他们不放过任何提升性能的细节。这种创新精神不仅体现在技术攻坚上，还贯穿于日常生产。他们不断尝试新工艺、新材料，提高产品精度和质量。他们的创新成果使企业产品在国际市场上更具竞争力，为行业树立了标杆。我们应学习李斌团队，在数控机电领域勇于探索，敢于创新，用科技力量推动行业发展，以创新思维解决实际问题，让科技创新成为行业进步的强大动力。

（来源于中工网）

知识目标

（1）掌握基本概念：了解数控机床辅助装置的基本概念、分类和作用熟悉辅助装置在数控机床中的地位及其对加工精度和效率的影响。

（2）理解工作原理：掌握辅助装置的工作原理，包括润滑系统、冷却系统、排屑装置等。了解辅助装置各部件的结构特点和功能。

（3）识别常见故障：能够识别辅助装置常见的故障类型，如刀架不转、润滑不足、冷却液泄漏、排屑不畅等。理解故障发生的原因和可能带来的后果。

能力目标

（1）故障诊断能力：能够运用所学知识，对辅助装置的故障进行初步诊断。

（2）掌握故障诊断的方法和步骤，能够根据故障现象分析故障原因维修操作技能。

（3）培养爱岗敬业与团队合作的基本素质，具备在实际工作中与他人协作解决问题的能力。

任务 6.1　刀库、刀架故障诊断与维修

刀架的原理和故障诊断与维修

6.1.1　数控车床刀架的基本形式

6.1.1.1　立式电动回转刀架

普通型数控车床如图 6-1 所示，普通型数控车床常用刀架如图 6-2 所示。

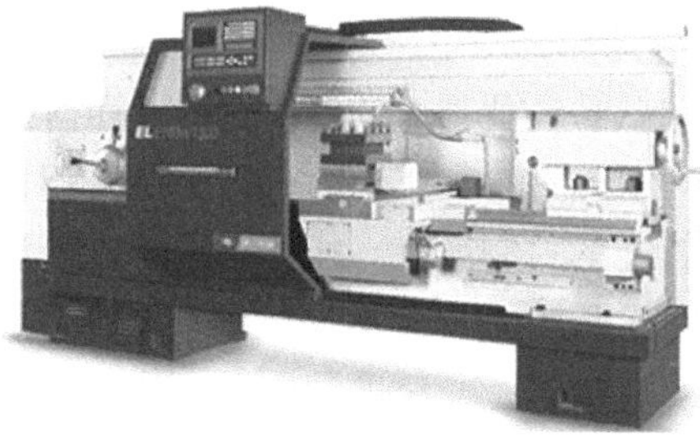

图 6-1　普通型数控车床

图 6-2　普通型数控车床常用刀架

6.1.1.2　卧式电动（液压）回转刀架

全能型数控车床如图 6-3 所示，卧式电动回转刀架如图 6-4 所示。

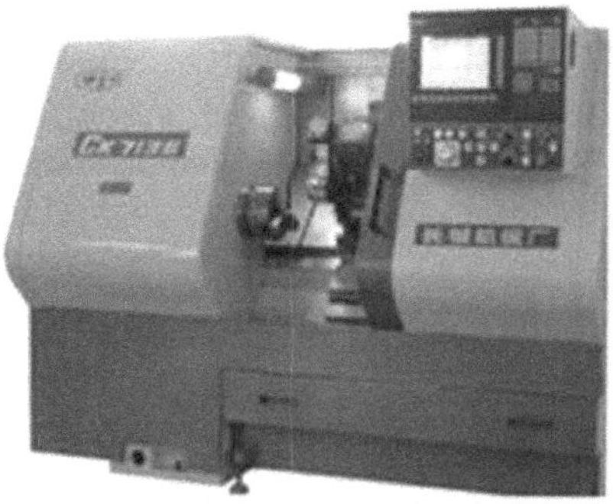

图 6-3　全能型数控车床

图 6-4　卧式电动回转刀架

6.1.1.3　车削中心刀架

车削中心如图 6-5 所示，动力刀架如图 6-6 所示。

图 6-5　车削中心

图 6-6　动力刀架

刀架的拆卸

6.1.2　立式四工位电动刀架的结构与原理

6.1.2.1　电动刀架的机械结构与换刀原理

电动刀架是国产普及型数控车床使用最为广泛、最简单的车床自动换刀装置，以四工位电动刀架为常用。

电动刀架的结构原理相似，以四工位刀架为例，其结构如图 6-7 所示。

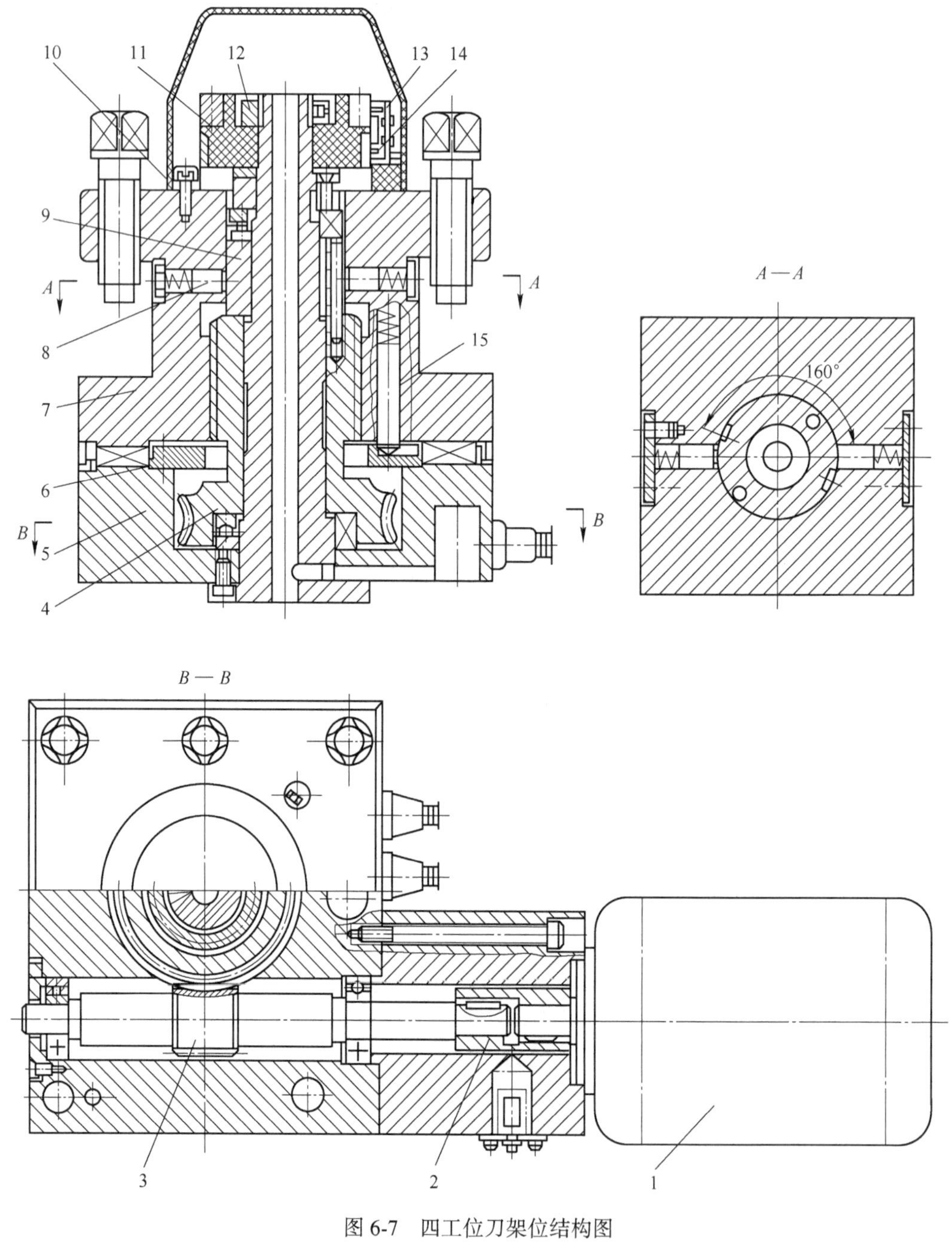

图 6-7　四工位刀架位结构图

1—电动机；2—联轴器；3—蜗杆轴；4—蜗轮丝杠；5—刀架底座；6—粗定位盘；7—刀架体；8—球头销；9—转位套；10—电刷座；11—发信体；12—螺母；13，14—电刷；15—粗定位销

6.1.2.2　具体转动过程

具体转动过程为齿盘脱开、刀架转位、刀架定位、刀架锁紧。

6.1.2.3　电动刀架的电气控制

CNC 执行 T 指令后，经 PLC 控制，输出电机正转信号，使刀架电机正转，电机正转触动锁紧开关打开，锁紧开关打开，在电机的带动下，转到四工位，PLC 收到到位等信号，开始执行 t_1 延时，t_1 延时结束后，发出电机反转信号，刀架电机执行反转，直到触发锁紧开关锁紧，PLC 收到锁紧等信号，开始执行 t_2 延时，t_2 延时结束后，刀架电机反转结束，电动刀架从第一个工位转动到第四个工位换刀结束。刀架电机正转停止到反转开始的延时 t_1、夹紧后到刀架电机反转停止的延时 t_2 以及整个换刀时间可以在系统参数中设定。电动刀架转位控制时序图如图 6-8 所示。

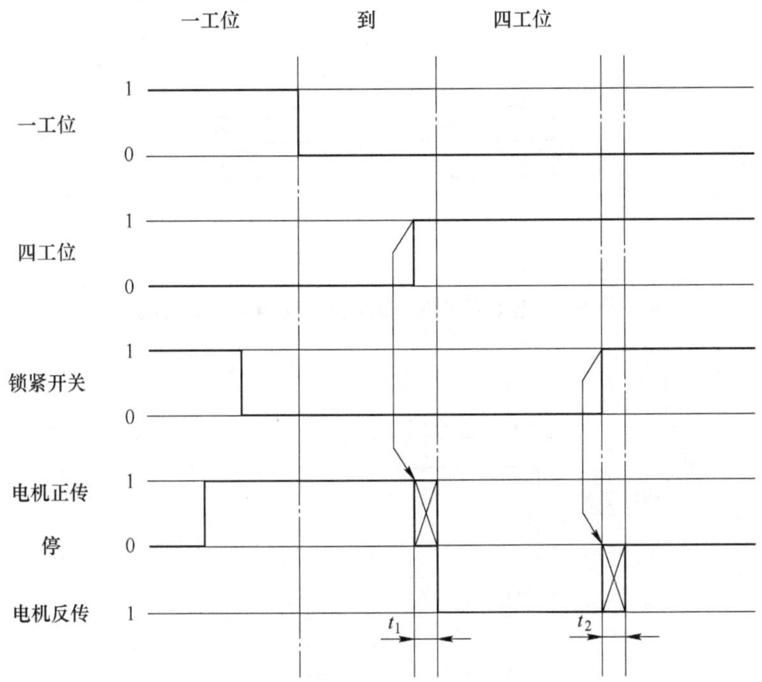

图 6-8　电动刀架转位控制时序图

输出信号（24 V）Y3.4（Y3.0）是刀架正（反）转信号，由控制系统执行换刀指令时经 PMC 程序译码后发出，驱动微型继电器 KA7（KA8）得电动作，触点吸合，使得 KM3（KM4）线圈得电，触点吸合，接通刀架电机主回路得电，刀架按时序图动作。刀架的到位信号分别由 X3.0~X3.3 提供。原理图如图 6-9~图 6-12 所示。

6.1.2.4　自动换刀装置的常见形式

A　刀库移动式换刀（斗笠式刀库）

一种典型的刀库移动式换刀立式加工中心，如图 6-13 所示。该机床的刀具装卸通过其刀库平移和 Z 轴的上下运动实现，换刀时刀库只需要进行平移和回转运动，而不需要做上下运动。立式加工中心的刀库移动式换刀的刀库外形类似于斗笠，故在某些场合又被称为斗笠式刀库。

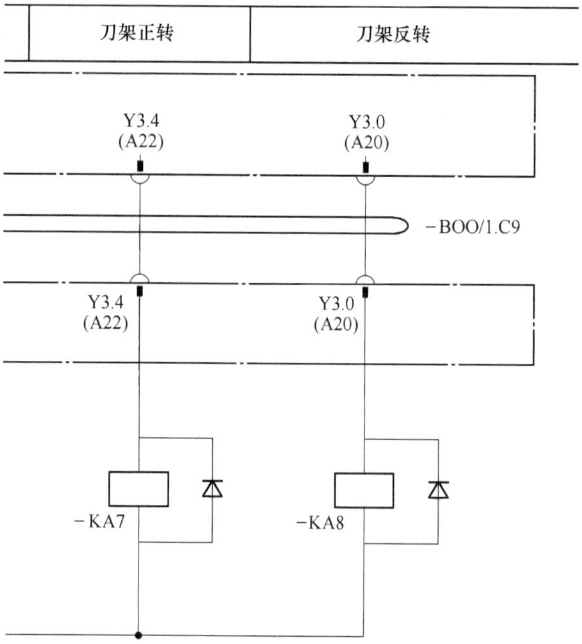

图 6-9　电动刀架转位输出信号（24 V）原理图

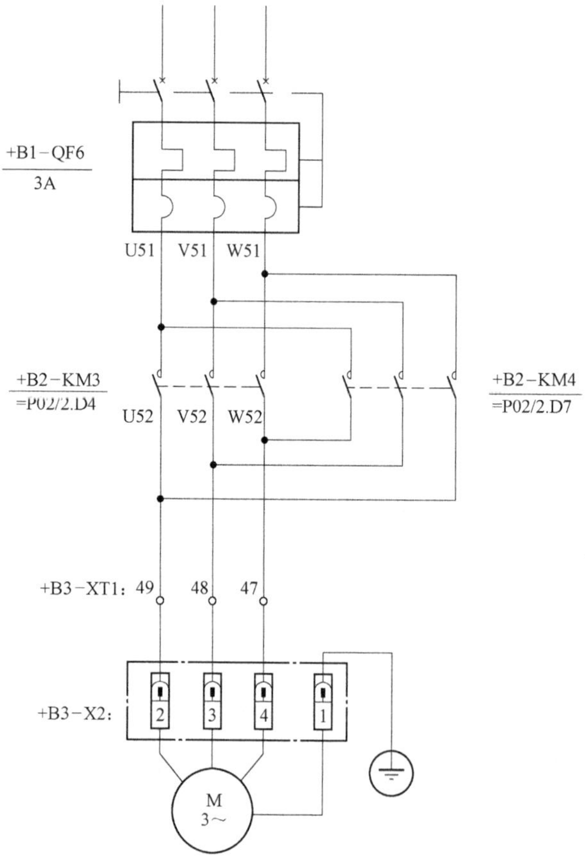

图 6-10　电动刀架动力电路（380 V）原理图

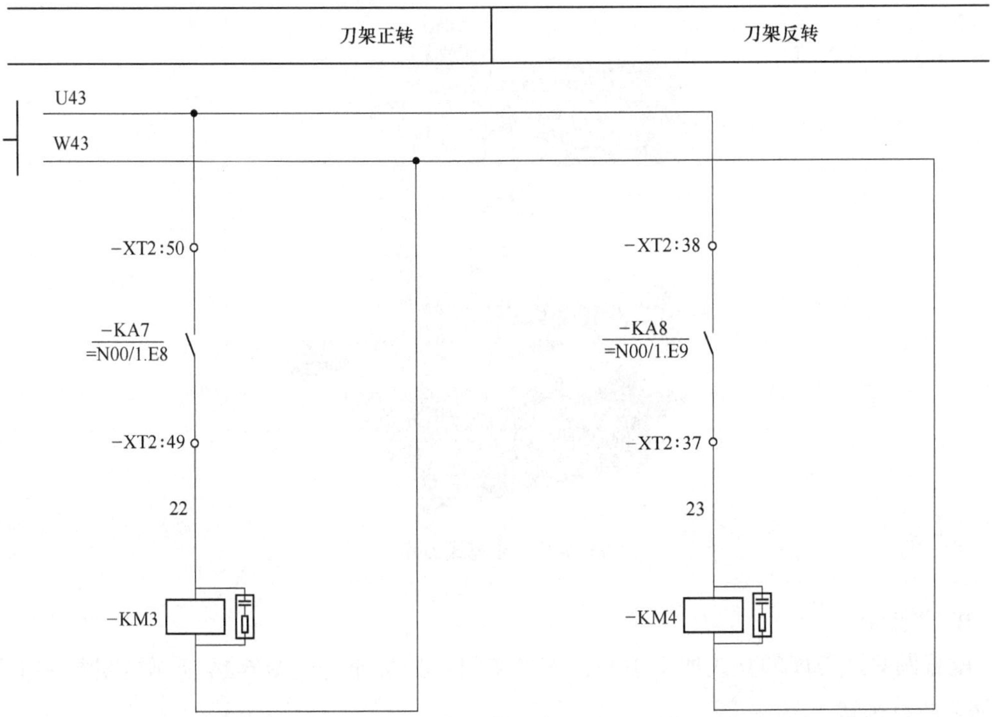

图 6-11　电动刀架转位控制原理图（220 V 或 110 V）

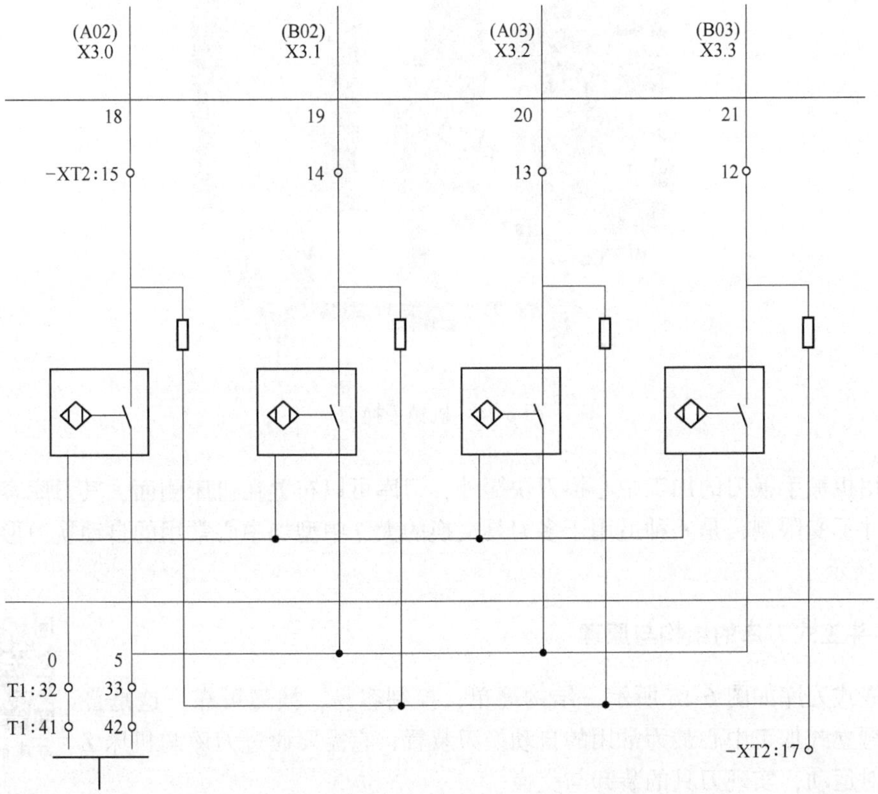

图 6-12　电动刀架转位输入信号（24 V）原理图

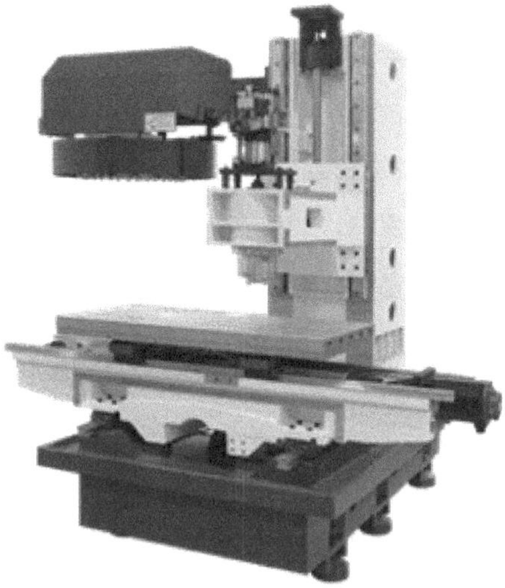

图 6-13　斗笠式刀库

B　机械手换刀

配置圆盘式刀库的立式加工中心，该机床的刀具装卸通过图 6-14 所示的机械手上下和 180°回转实现。

图 6-14　机械手换刀

采用机械手换刀的加工中心换刀快捷外，刀库可以布置在机床侧面，其刀库容量、刀具的尺寸不受限制，是一种适用于多刀具交换的大、中型加中心常用的自动换刀形式，如图 6-15 所示。

6.1.3　斗笠式刀库的结构与原理

刀库的结构和拆装

斗笠式刀库如图 6-16 所示，结构简单、控制容易，换刀可靠，这是普通中小型立式加工中心最为常用的自动换刀装置，它需要通过刀库与机床 Z 轴的相对运动，实现刀具的装卸与交换。

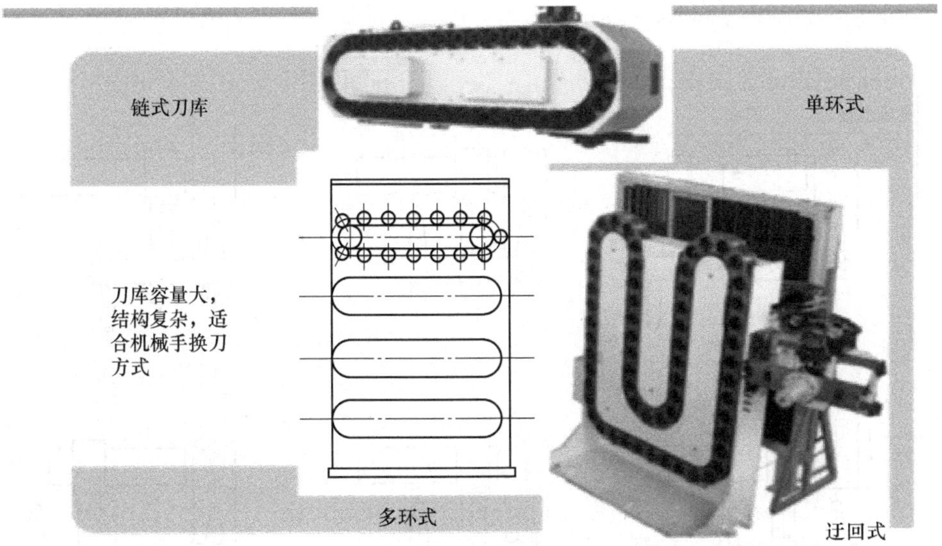

图 6-15　自动换刀形式

图 6-16　斗笠式刀库结构图

斗笠式刀库换刀动作过程示意图如图 6-17 所示，换刀动作流程图如图 6-18 所示，斗笠式刀库输入与输出信号（24 V）原理图如图 6-19 所示，斗笠式刀库刀盘驱动电机动力电路与控制电路原理图如图 6-20 所示，斗笠式刀库刀盘前进与后退控制原理图如图 6-21 所示。

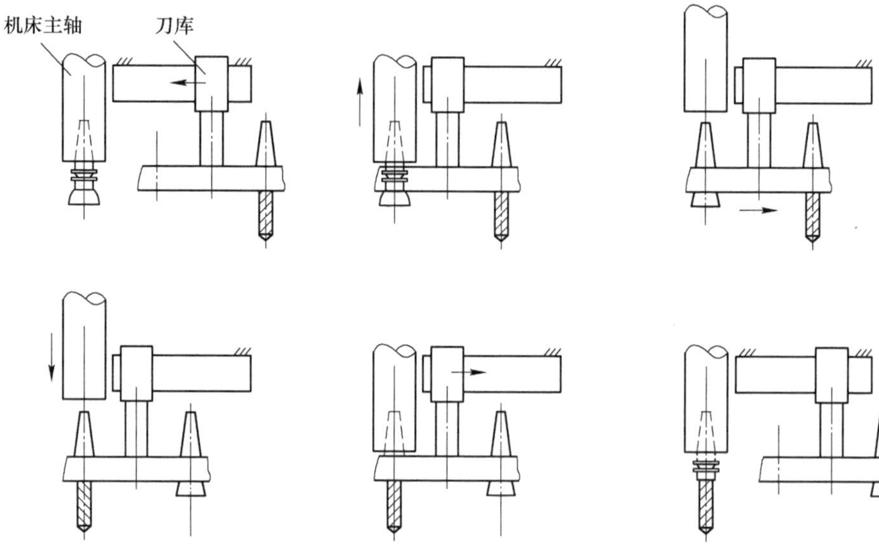

图 6-17　斗笠式刀库换刀动作过程示意图

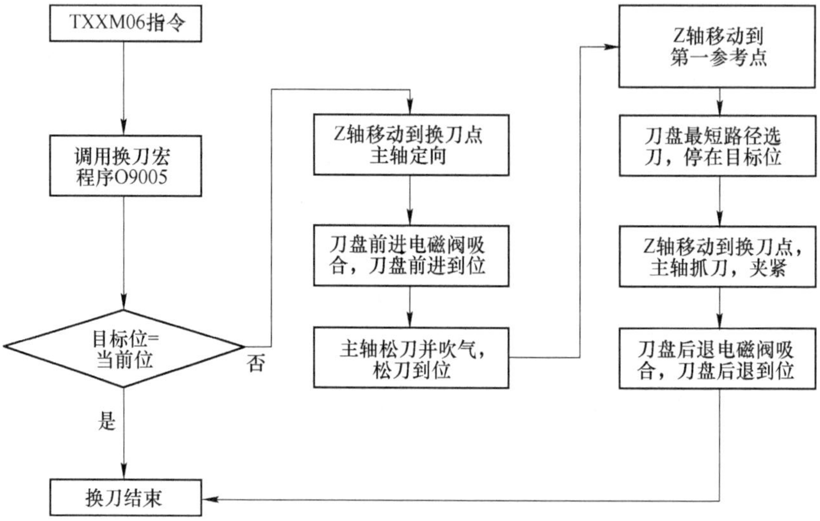

图 6-18　换刀动作流程图

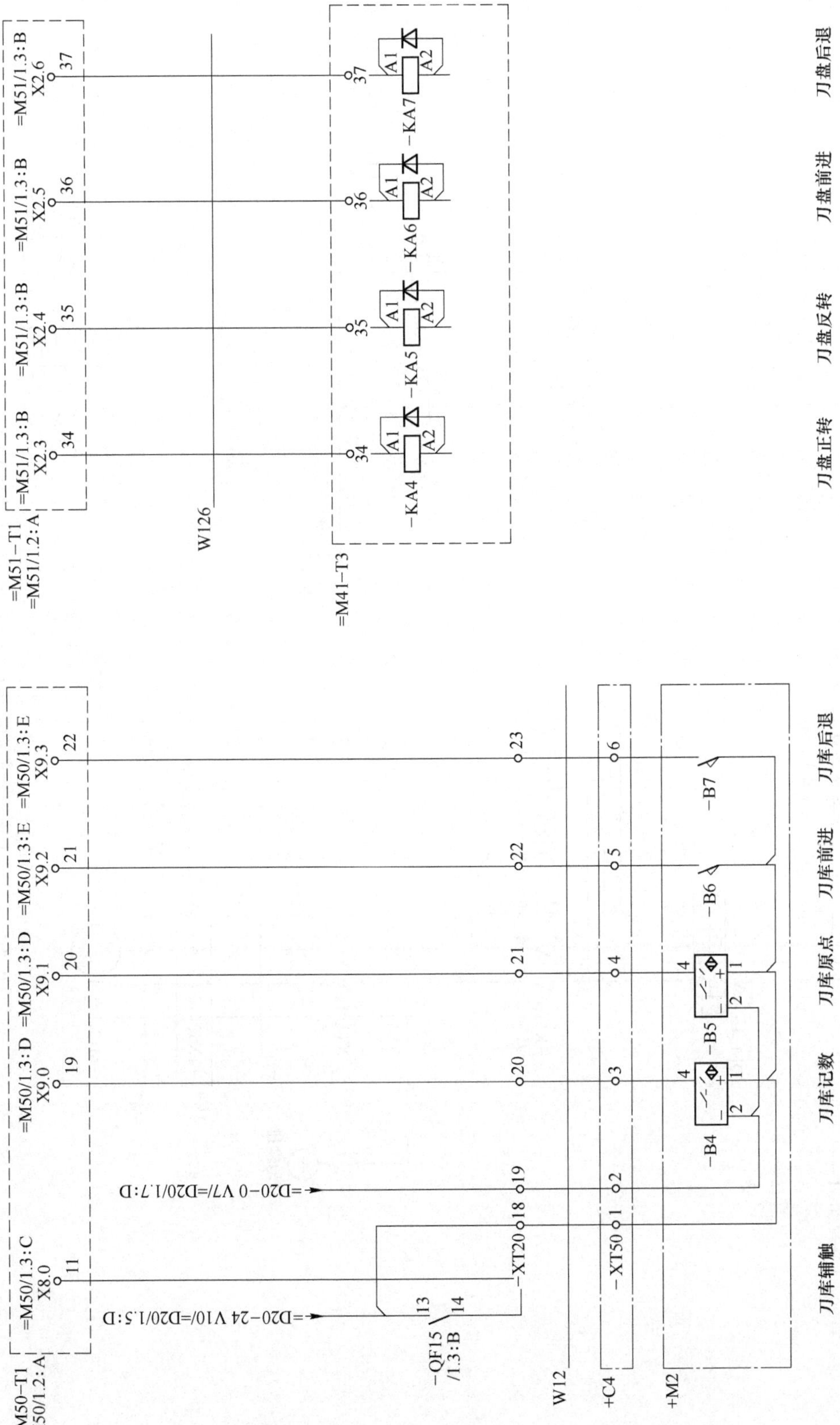

图 6-19　斗笠式刀库输入与输出(24 V)信号原理图

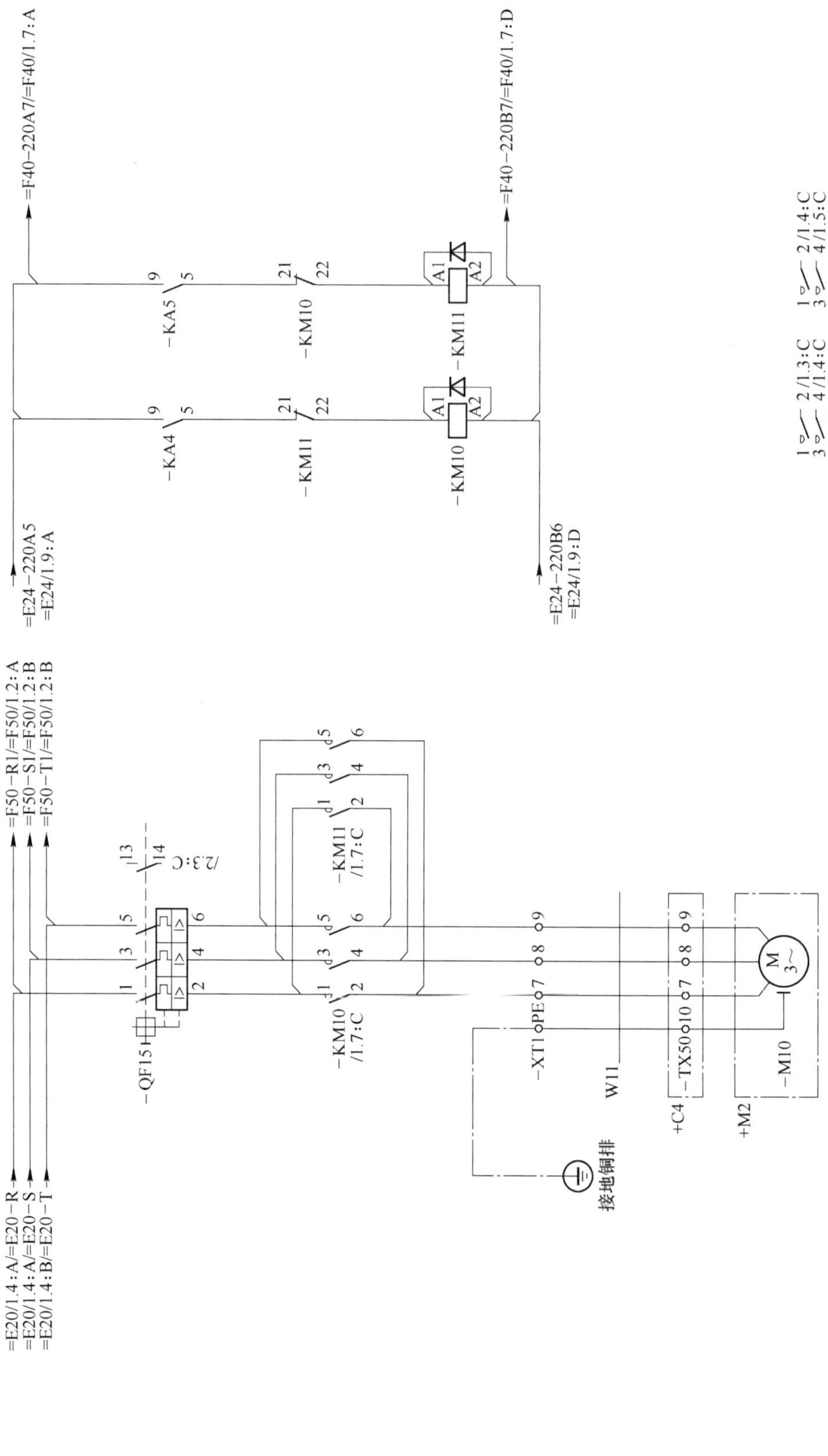

图 6-20　斗笠式刀库刀盘驱动电机动力电路与控制电路原理图

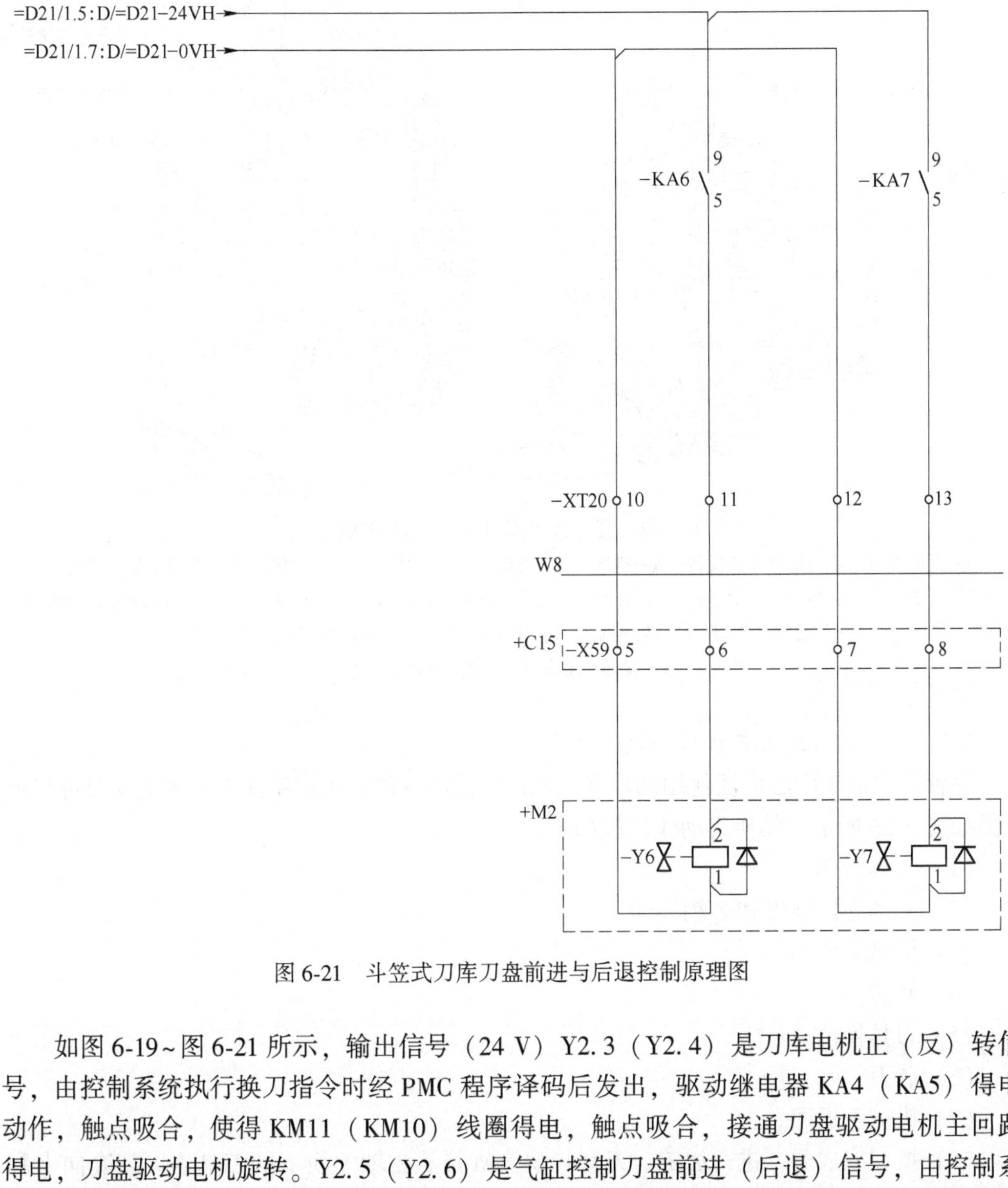

图 6-21　斗笠式刀库刀盘前进与后退控制原理图

如图 6-19~图 6-21 所示，输出信号（24 V）Y2.3（Y2.4）是刀库电机正（反）转信号，由控制系统执行换刀指令时经 PMC 程序译码后发出，驱动继电器 KA4（KA5）得电动作，触点吸合，使得 KM11（KM10）线圈得电，触点吸合，接通刀盘驱动电机主回路得电，刀盘驱动电机旋转。Y2.5（Y2.6）是气缸控制刀盘前进（后退）信号，由控制系统执行换刀指令时经 PMC 程序译码后发出，驱动继电器 KA6（KA7）得电动作，触点吸合，使得电磁阀接通气压，气缸驱动刀盘前进与后退。刀库的到位信号分别由 X8.0、X9.0~X9.3 提供。

6.1.4　圆盘式刀库机械手换刀的结构与原理

6.1.4.1　圆盘式刀库机械手换刀结构

圆盘刀库凸轮机械手换刀过程包括刀库找刀和换刀两个独立的动作，涉及圆盘刀库、凸轮机。械手和主轴三方面的协作关系。圆盘式刀库机械手换刀结构图如图 6-22 所示。

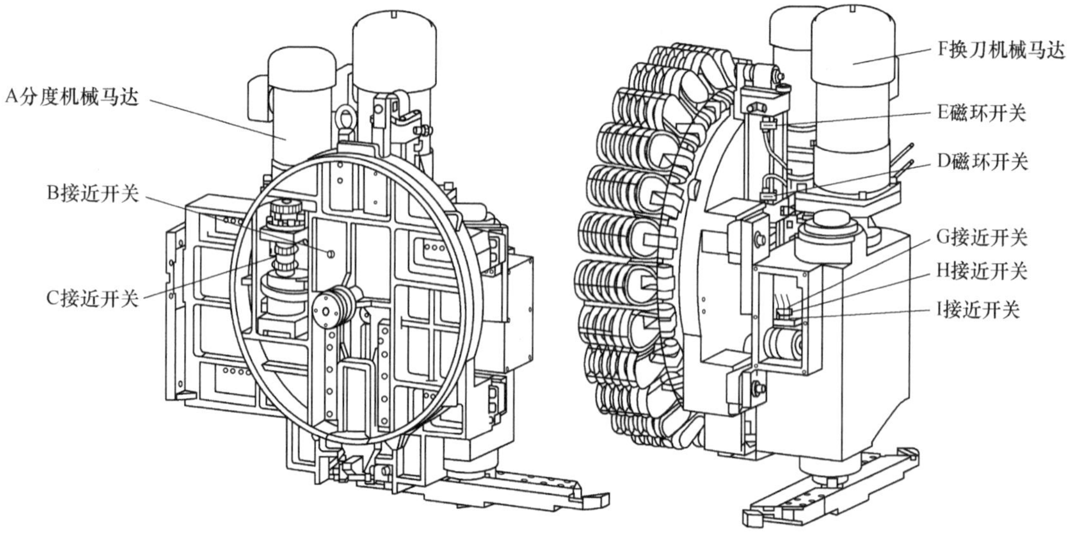

图 6-22　圆盘式刀库机械手换刀结构图

A—分度机械马达控制电盘正反转；B—接近开关刀库原点 1 号刀具信号；C—接近开关刀库数刀定位信号；D—磁环开关刀套气缸伸出定位信号；E—磁环开关刀套气缸缩回定位信号；F—换刀机械马达换刀机械手动力来源；G—接近开关换刀机械马达定制信号；H—接近开关换刀机械扣刀定位确认信号；I—接近开关换刀机械原点确认信号

6.1.4.2　圆盘式刀库机械手换刀过程

一种立式加工中心广泛使用的单臂双爪回转式凸轮联动机械手换刀装置的换刀过程示意图如图 6-23 所示，其换刀动作过程如下。

(1) 刀具预选。

(2) 主轴定向准停和 Z 轴运动。

(3) 机械手回转。

(4) 卸刀。

(5) 刀具换位。

(6) 装刀。

(7) 机械手返回。

(8) 换刀完成后，进行加工，刀套转位汽缸将从主轴上换下的刀具连同刀套向上翻转 90°。根据 T 指令，再次刀具预选。

换刀动作流程图如图 6-24 所示。

6.1.4.3　圆盘式刀库机械手换刀电气控制

刀库的到位信号分别由 X8.0、X8.5、X9.0~X9.6 提供。

输出信号（24 V）Y2.3(Y2.4) 是刀库电机正（反）转信号，由控制系统执行换刀指令时经 PMC 程序译码后发出，驱动继电器 KA4(KA5) 得电动作，触点吸合，使得 KM11 (KM10) 线圈得电，触点吸合，接通刀库电机主回路得电，刀库驱动电机旋转。Y2.5 (Y2.6) 是气缸（油缸等）控制刀套垂直（水平）信号，由控制系统执行换刀指令时经 PMC 程序译码后发出，驱动继电器 KA6(KA7) 得电动作，触点吸合，使得电磁阀接通气压，气缸驱动刀套垂直（向下）和水平（向上）。Y2.7 是机械手电机旋转信号，由控制系统执行换刀指令时经 PMC 程序译码后发出，驱动继电器 KA8 得电动作，触点吸合，使得 KM12 线圈得电，触点吸合，接通机械手电机主回路得电，机械手电机旋转。圆盘式刀库机械手换刀输入信号（24 V）原理图如图 6-25 所示，圆盘式刀库机械手换刀输出信号（24 V）与刀套控制电路原理图如图 6-26 所示，圆盘式刀库机械手换刀刀库电机与机械手电机动力电路与控制电路原理图如图 6-27 所示。

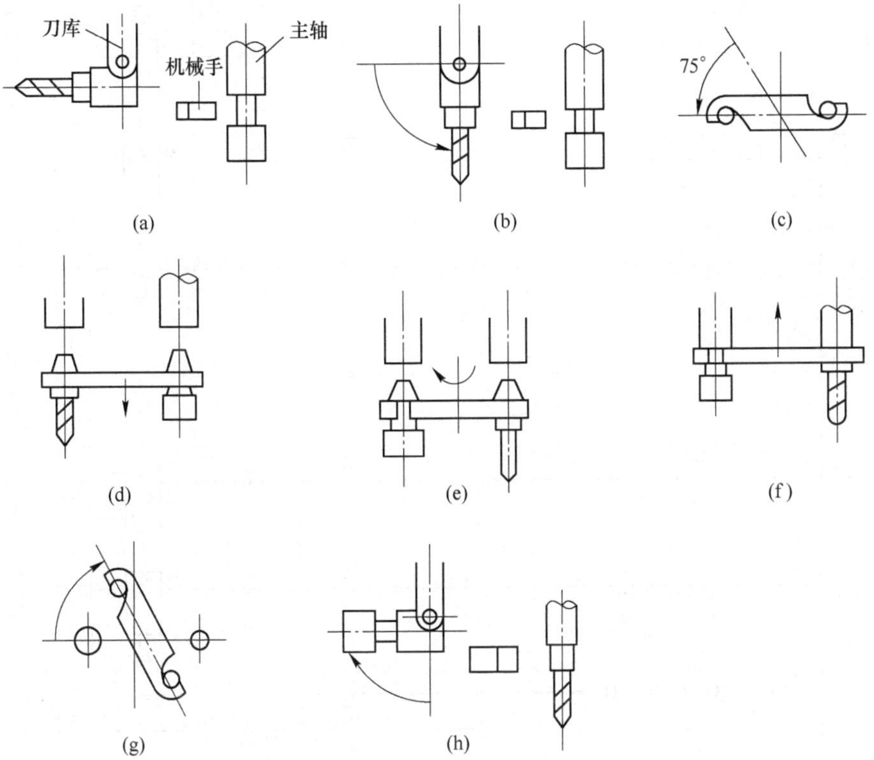

图 6-23　机械手换刀过程示意图

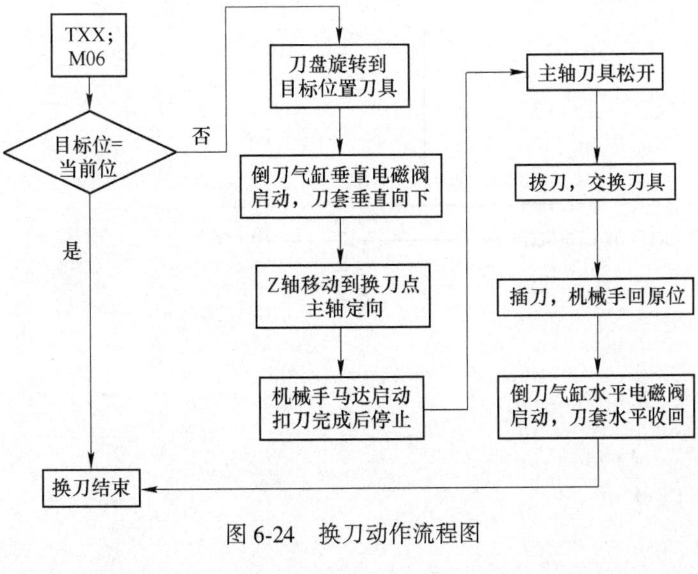

图 6-24　换刀动作流程图

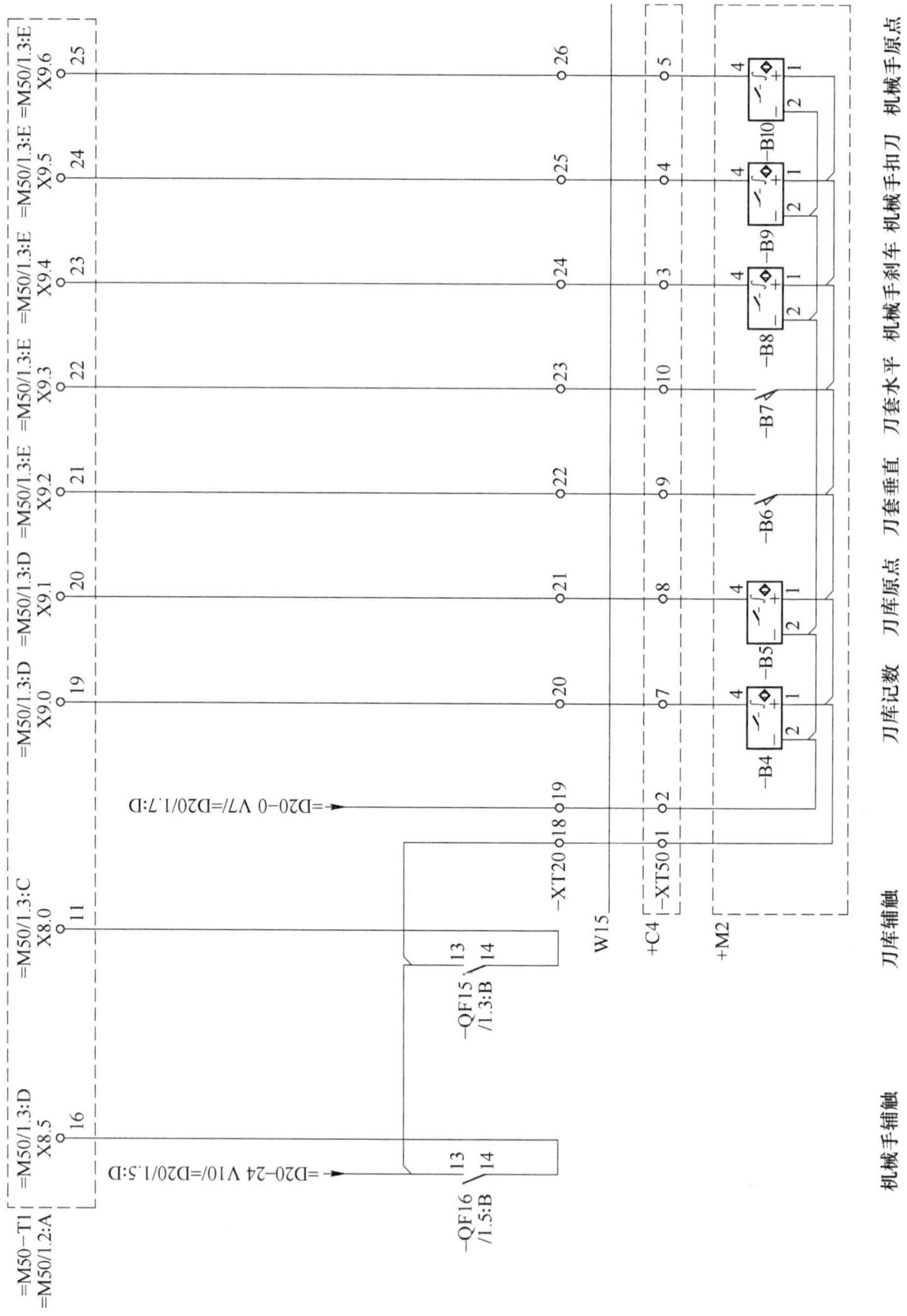

图 6-25　圆盘式刀库机械手换刀输入信号（24 V）原理图

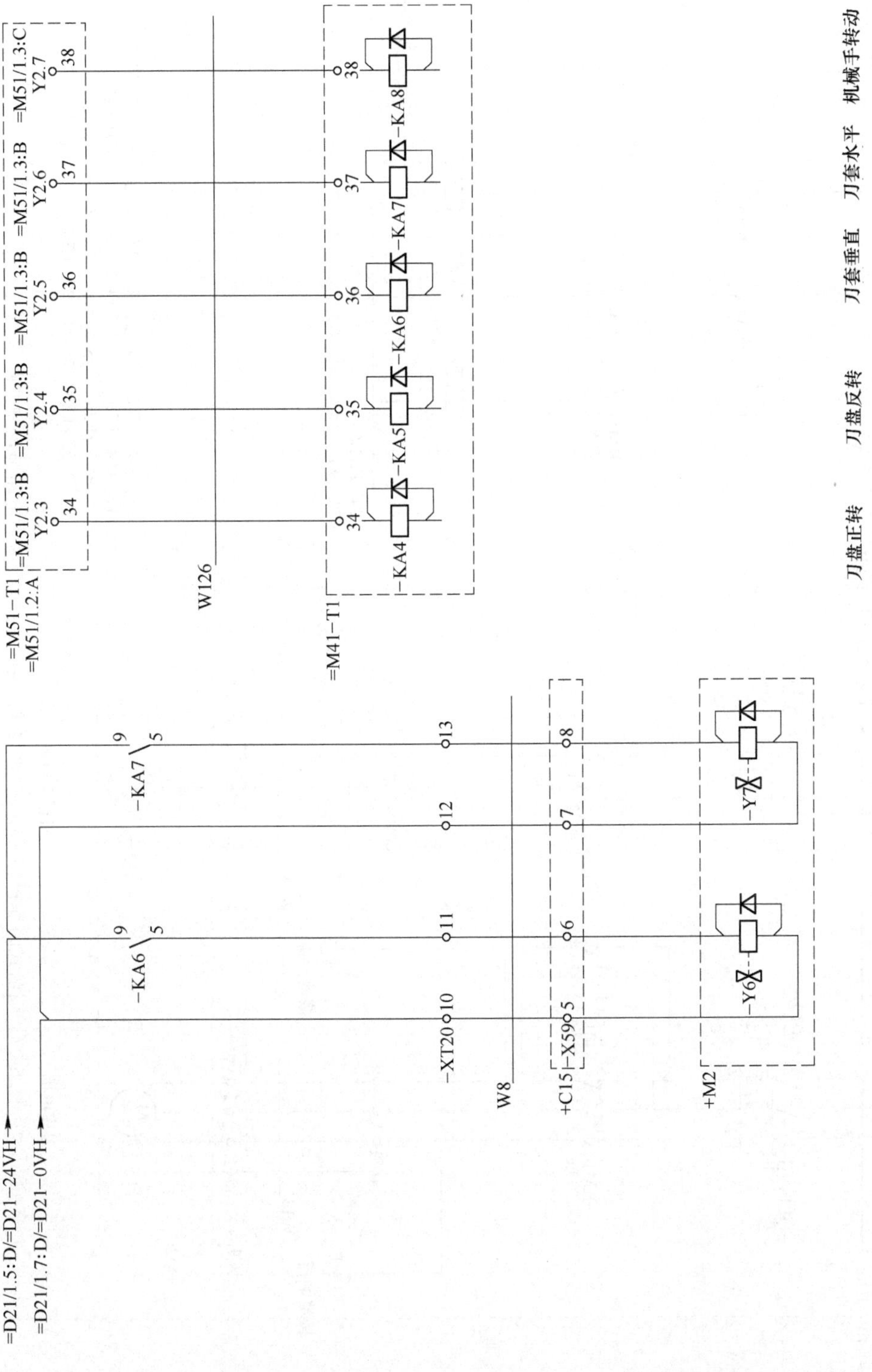

图 6-26　圆盘式刀库机械手换刀输出信号（24 V）与刀套控制电路原理图

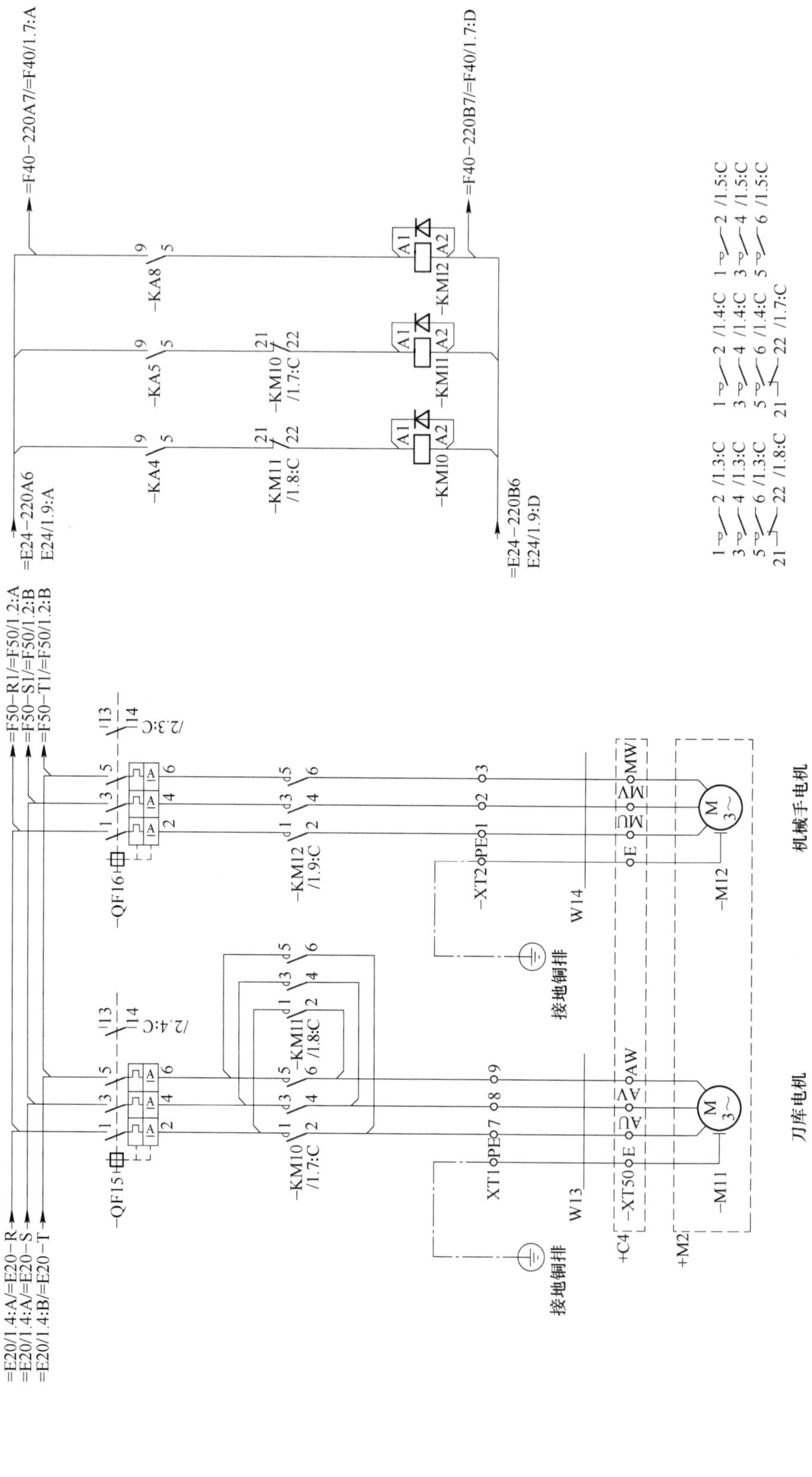

图 6-27　圆盘式刀库机械手换刀刀库电机与机械手电机动力电路与控制电路原理图

6.1.5　刀库换刀装置常见故障及处理

刀库不能转动或刀套翻转问题、检测开关无信号、定位不准、刀具不能松开夹紧、刀具换刀点位置不合适、机械手故障等是刀库的常见故障，需要根据不同的情况进行如下检查与处理。

(1) 检查驱动电机轴和回转机构连接的联轴器、槽轮机构、键等机械部件是否存在脱落或松动。

(2) 检查刀库回转机构的机械部件是否卡死，间隙调整是否过紧或轴承等部件的损坏。

(3) 检查电气控制系统的刀库电机驱动电路与控制电路、PLC 程序、刀库检测开关、电磁阀控制部分（如电磁阀控制的气缸或油缸）是否正常等。

(4) 当刀套、刀爪不能夹紧刀具时，需要检查刀套的调整是否正确，刀爪的弹簧是否太松、刀柄上的键槽方向是否正确、拉钉尺寸是否符合要求、刀具重量是否符合要求等。

(5) 当刀具不能松开夹紧时，应检查主轴部分相关检测信号、电池阀控制回路、气缸或油缸以及机械部分的松刀量调整是否合适、松刀机构等。

(6) 当换刀定位位置不准或刀具换刀点位置不合适，会造成主轴掉刀、撞刀等问题，应及时调整定位位置与换刀点位置。

(7) 当机械手发生掉刀现象时，应检查刀具是否超重，或机械手卡紧装置损坏等。当机械手不在正常位置，检查机械手位置反馈信号开关是否正常或是机械手电机及机械部分。

任务 6.2　润滑冷却装置故障诊断与维修

6.2.1　润滑系统的基本组成

润滑系统由一个液压泵提供一定排量、一定压力的润滑油，为系统中所有的主、次油路上的分流器供油，而由分流器将油按所需油量分配到各润滑点。同时，由控制器完成润滑时间、次数的监控和故障报警以及停机等功能，以实现自动润滑的目的，数控机床润滑系统如图 6-28 所示。

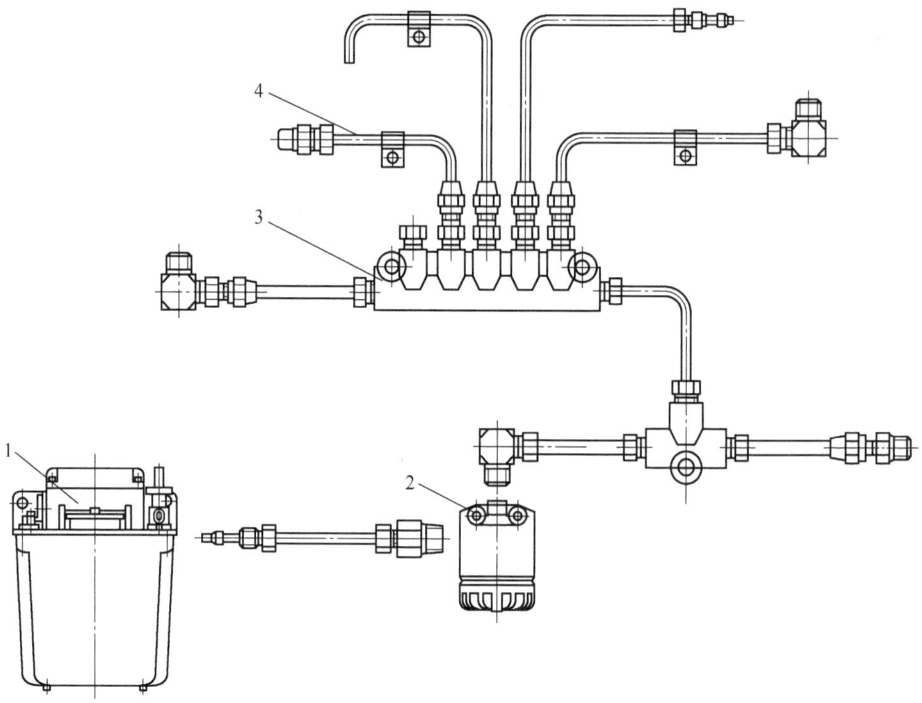

图 6-28　数控机床润滑系统

1—润滑泵与控制装置；2—过滤装置；3—油量分配装置；4—管路与附件

6.2.1.1　机床常用润滑系统

抵抗式特点：系统工作无须卸荷机构，结构简单，造价低，但油量计量误差比较大，对管路过长过高的润滑点润滑难以保障，一般只用于润滑点较少、油量精度要求不高的小型机械。抵抗式（AMR）润滑泵外观如图 6-29 所示，定量式（AMO）润滑泵外观如图 6-30 所示。抵抗式与定量式润滑泵原理如图 6-31 所示。

定量式特点：系统对润滑点的给油精度高，而且不会受到管路距离的影响。系统安装简单，分配器可以并联串联任意排列，可同时向数百个润滑点供油。

6.2.1.2　数控机床润滑系统的电气控制要求

（1）首次开机时，自动润滑 15 s（2.5 s 打油、2.5 s 关闭）。

图 6-29　抵抗式（AMR）润滑泵外观

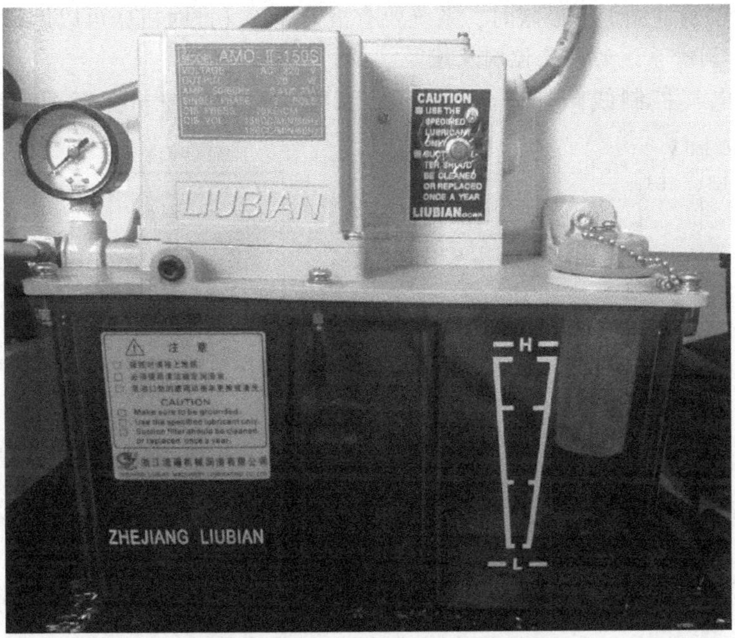

图 6-30　定量式（AMO）润滑泵外观

（2）机床运行时，达到润滑间隔固定时间（如 30 min）自动润滑一次，而且润滑间隔时间用户可以进行调整（通过 PMC 参数）。

（3）加工过程中，操作者根据实际需要还可以进行手动润滑（通过机床操作面板的润滑手动开关控制）。

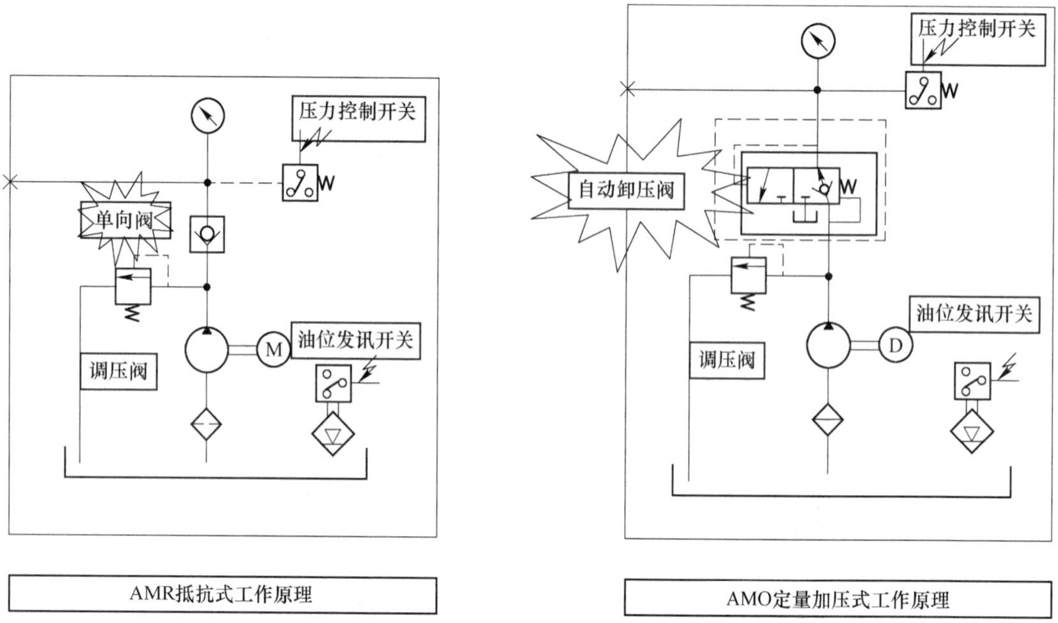

图 6-31　抵抗式与定量式润滑泵原理

（4）润滑泵电动机具有过载保护，当出现过载时，系统要有相应的报警信息。

（5）润滑油箱油面低于极限时，系统要有报警提示（此时机床可以运行）。

6.2.1.3　润滑系统的电气控制原理

润滑系统电气控制线路如图6-32 所示，润滑系统 PMC 控制梯形图如图 6-33 所示。

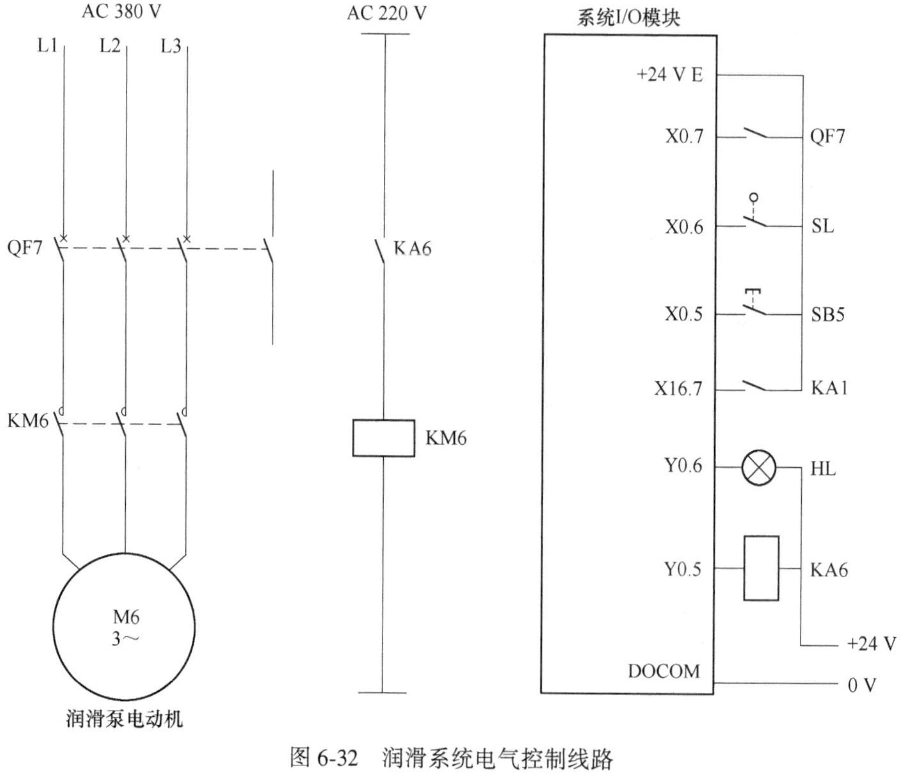

图 6-32　润滑系统电气控制线路

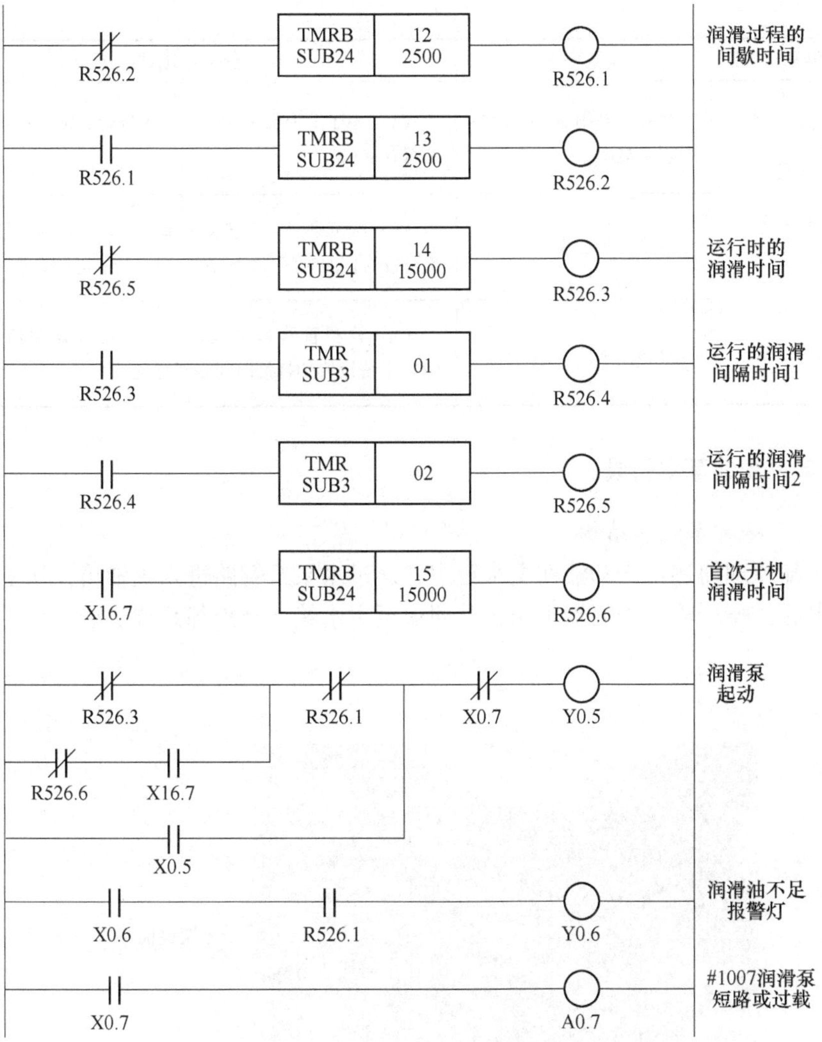

图 6-33　润滑系统 PMC 控制梯形图

QF7 为润滑泵电动机的空气断路器辅助常开触点，实现电动机的短路与过载保护，通过系统 PMC 控制输出继电器 KA6，继电器润滑系统的电气控制原理图和 KA6 常开控制接触器 KM6 线圈，从而实现机床润滑自动控制。

6.2.1.4　常见故障

常见故障以及分析与处理办法见表 6-1。

表 6-1　常见故障以及分析与处理办法

故障现象	检测手段	分析与处理办法
润滑油位低	目测润滑泵油位高低，系统画面显示	（1）及时加注润滑油；（2）液位检测开关及回路故障
润滑压力不足	目测润滑泵压力表，系统画面显示	（1）检测管路是否有破裂；（2）油品型号是否正确；（3）润滑泵工作是否异常；（4）过滤网是否堵塞；（5）分油器是否异常

续表 6-1

故障现象	检测手段	分析与处理办法
润滑泵电机工作正常，但压力不足	目测、万用表、系统画面报警显示	（1）相序是否反向；（2）压力表是否损坏；（3）管路中是否有空气
导轨、丝杠润滑面无油	目测、手触摸	（1）检测管路是否破裂堵塞；（2）分油器堵塞；（3）系统设置的打油时间是否合理；（4）控制电路是否异常
润滑油消耗过快	目测、统计	（1）检测管路是否破裂；（2）分油器油堵是否存在；（3）系统设置的打油时间是否合理

6.2.2　冷却系统的基本组成

6.2.2.1　冷却系统的结构

外部冷却原理简述：冷却液在主水箱中，通过水泵及管路进入主轴箱，在主轴箱下方的水管喷出后，循环流入排屑器水箱，并回流至主水箱。外冷却系统实物外观图如图 6-34 所示。

图 6-34　外冷却系统实物外观图

6.2.2.2　冷却系统电气控制

QF7 为冷却泵电动机的短路器，实现电动机的短路与过载保护，输入信号为 X7.4；SL1 为冷却系统液面检测开关（润滑油面下限到位开关），作为系统冷却液过低报警提示（需要添加润滑油）的输入信号；SB5 为数控机床面板上的手动冷却开关，作为系统手动冷却的输入信号；KA13 为系统控制冷却电动机工作的控制中间继电器；KM6 为系统控制冷却电动机工作的控制接触器；HL 为系统控制冷却电动机工作的指示灯。冷却系统电气控制原理图如图 6-35 所示。

6.2.2.3　冷却系统的故障维修

冷却系统故障现象及处理办法见表 6-2。

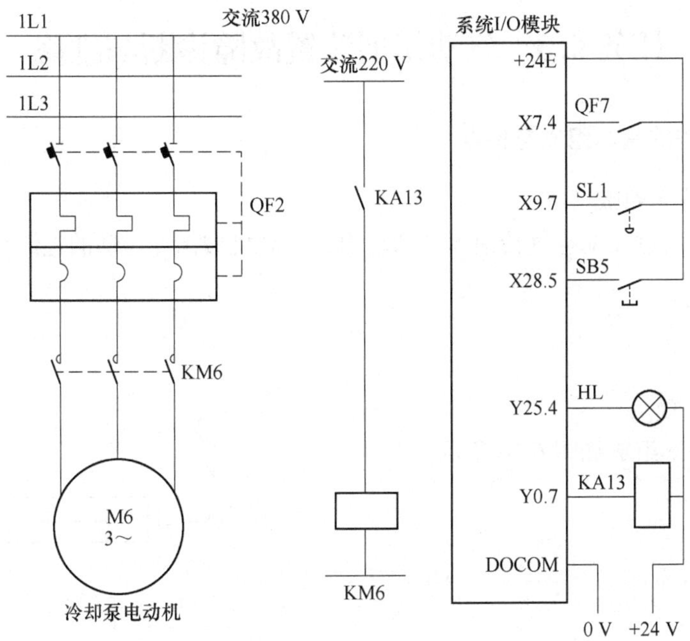

图 6-35　冷却系统电气控制原理图

表 6-2　冷却系统故障现象及处理办法

故障现象	检测手段	处理办法
液位报警	系统画面报警显示	（1）在查明泄漏点和回水不畅的原因后，及时注水，以消除报警；（2）液位检测开关及回路故障
外冷不出冷却液	目测	（1）检测水泵电机是否正常工作，控制电路是否正常；（2）泵体是否漏液，连接件是否松动；（3）水泵过滤网是否堵塞，液位是否达标；（4）外冷开闭电磁阀工作是否正常；（5）管路、接头是否破裂、松动；（6）电磁阀控制回路是否正常
外冷压力不足	目测、零件加工精度、刀具磨损程度	（1）电机是否在缺相状态下工作；（2）泵体是否因进铁屑或其他原因导致非正常运转漏液，压力不达标；（3）水箱回水不畅，液面低，管路、接头是否破裂、松动；（4）冷却液品质是否有问题
电机泵体漏液	目测	（1）水泵本身质量是否有问题；（2）查找铁屑进入泵体的原因，及时清理水箱和泵体

任务 6.3　气动排屑装置故障诊断与维修

6.3.1　气动系统的基本组成与特点

6.3.1.1　基本组成

气动系统是通过压缩空气传递运动和动力、控制机械部件运动的控制系统。

（1）气源。

（2）气缸和气动马达。

（3）气动阀。

（4）辅助装置。

气动系统基本组成如图 6-36 所示。

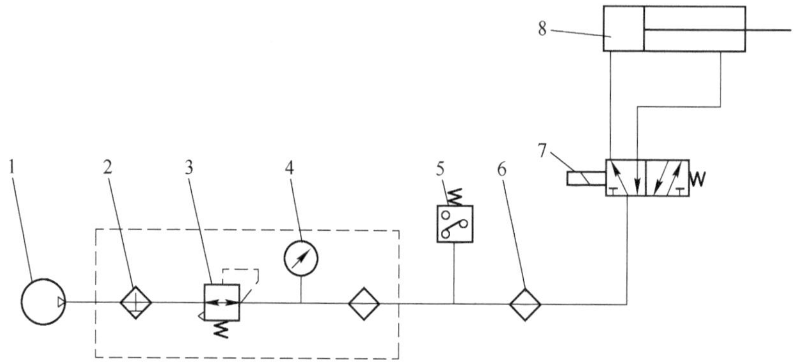

图 6-36　气动系统基本组成

1—气源；2—过滤器；3—调压阀；4—压力表；5—压力继电器；6—油雾器；7—气动阀；8—气缸

6.3.1.2　基本特点

（1）结构简单；（2）安装容易；（3）维护简单方便；（4）运行成本低；（5）具有气源容易获得、工作介质不污染环境的突出优点；（6）反应动作快；（7）管路不容易堵塞，也无须补充介质；（8）气压系统的压缩空气流动损失小，可远距离输送，集中供气方便；（9）工作压力低；（10）能用于易燃易爆的场合，故其环境适应性和安全性好。

工作压力为 0.4~0.8 MPa，远低于液压系统可达到的工作压力（20 MPa 以上），因此，不能用于输出力大的控制场合。

6.3.1.3　加工中心的气动系统

立式加工中心和钻削中心的气动系统一般用于主轴吹气、刀具夹紧松开、防护门开关、自动换刀、主轴机械变速的传动及交换等控制。立式加工中心气动元件结构如图 6-37 所示。

某一立式加工中心的气动控制原理图，由于该加工中心采用的是凸轮机械手换刀、主轴无机械变速装置，其气动系统较为简单。该气动系统由主轴吹气、刀具夹紧松开、防护门控制三部分组成；系统还带有两只连接清洁用气枪的接头，气枪用来清理工件和工作台面的铁屑。气动系统的组成和原理如图 6-38 所示。

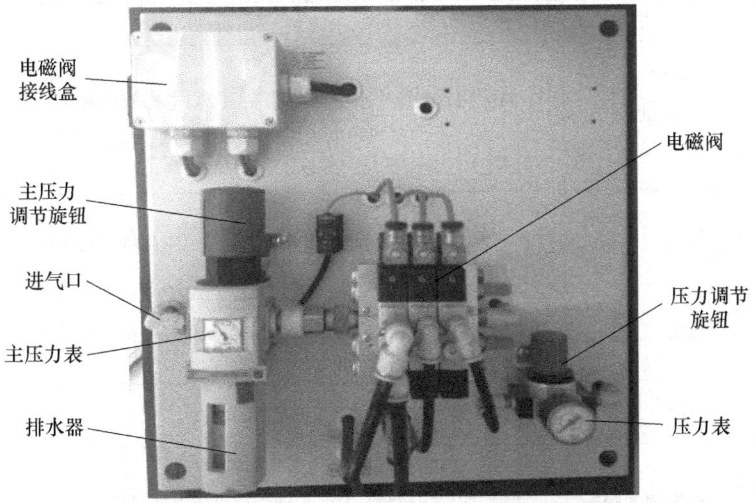

图 6-37　立式加工中心气动元件结构

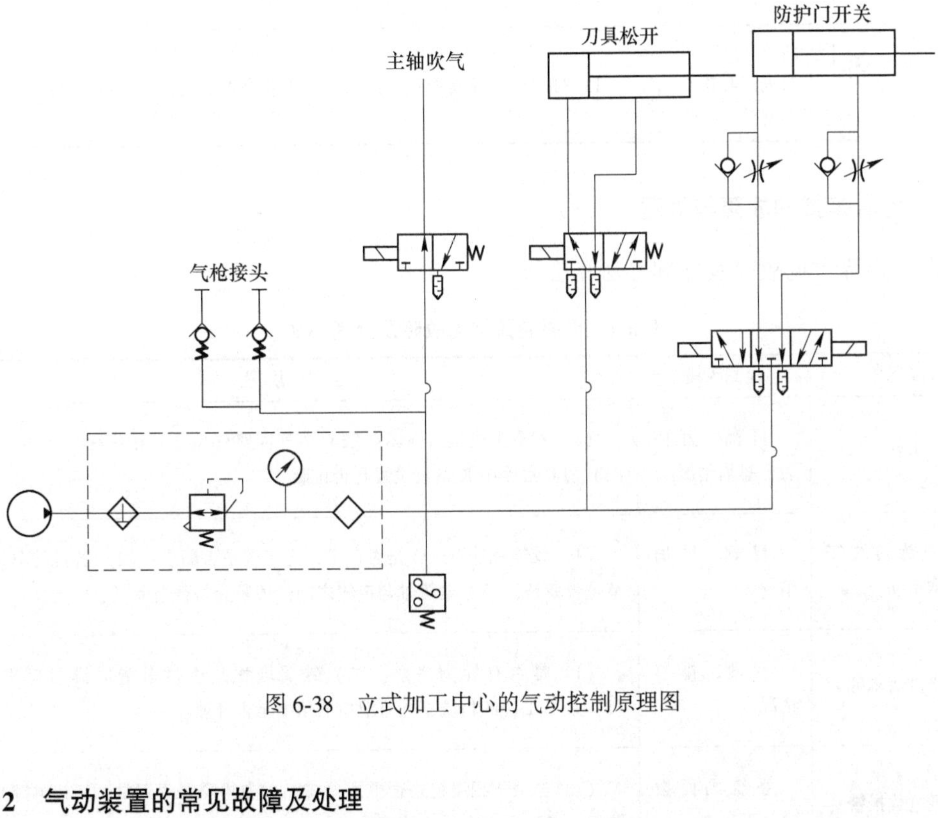

图 6-38　立式加工中心的气动控制原理图

6.3.2　气动装置的常见故障及处理

气动装置常见故障及处理办法见表 6-3。

表 6-3　气动装置常见故障及处理办法

故障现象	检测手段	处理办法
电磁阀失灵	万用表，手动、自动换刀，气枪	（1）检查气源中水分是否超标；（2）电磁阀中密封圈是否损坏，更换密封圈，如不行直接更换电磁阀；（3）检查线路或更换电磁铁
气动元件漏气	目测	是否按《维修与保养》中要求的去对气动元件做定期保养，更换漏气部件
气动元件玻璃杯破裂	目测	是否按《维修与保养》中要求的去对气动元件做定期保养，更换玻璃杯
压力表失灵	目测	检测压力是否异常增高，更换压力表
气动压力检测开关报警、失灵	系统画面报警显示	（1）如气源质量良好，可适当重设压力检测开关入口压力；（2）如气源质量不佳，则开关电路板可能已经腐蚀，无法维修只能更换压力检测开关
刀库气缸动作无缓冲	自动换刀时检测	（1）检查气源质量；（2）适当调整气缸两端缓冲调节旋钮，如效果不佳则必须更换气缸两端密封圈
打刀缸无动作	松夹刀时检测	（1）打刀缸油杯是否有油；（2）消声器是否漏气，电磁阀有无动作

6.3.3　排屑装置的故障与处理

排屑装置常见故障及处理办法见表 6-4。

表 6-4　排屑装置常见故障及处理办法

故障现象	检测手段	处理办法
电机不转	目测、万用表、排屑情况	（1）检测电机是否损坏；（2）电气回路（电压、相序等）是否正常；（3）PLC 程序中 K 参数设置是否正确
电机旋转绞笼或连排不动	目测、排屑情况	（1）绞笼减速器工作是否正常，连接销是否断裂；（2）链排的驱动链节是否断裂；（3）电机轴与链轮之间的锁紧套是否失灵
绞笼排屑不畅	目测、排屑情况	（1）是否有异物堵塞；（2）铁屑堆积是否过多造成排泄口阻塞；（3）加工工件的材质不同排泄口的角度是否合理
电机过载报警	系统画面报警、万用表	（1）电机三相绕组是否平衡；（2）控制电路是否正常，三相电源是否缺相；（3）是否有异物堵塞造成电机过载导致空开断掉

习　题

6-1　简述斗笠式刀库换刀动作流程。

6-2　某机床系统显示液位报警，简述故障排查过程。

6-3　排屑装置不能正常运行，试分析故障原因及处理办法。

参 考 文 献

[1] 周兰，常晓俊．现代数控加工设备［M］．北京：机械工业出版社，2005.

[2] 李方园，李亚峰．数控机床电气控制［M］．北京：清华大学出版社，2010.

[3] 郑智，仲国兴．数控机床故障诊断与维修［M］．北京：北京理工大学出版社，2017.

[4] 邹晔．典型数控系统及应用［M］．北京：高等教育出版社，2006.

[5] 李敬岩．数控机床故障诊断与维修［M］．上海：复旦大学出版社，2015.

[6] 刘永久．数控机床故障诊断与维修技术（FANUC 系统）［M］．2 版．北京：机械工业出版社，2009.

[7] 刘宏利．数控机床故障诊断与维修［M］．重庆：重庆大学出版社，2012.

[8] 夏庆观．数控机床故障诊断［M］．北京：机械工业出版社，2010.

[9] 邵林波，邹建华，汪国庆．液压与气压传动［M］．南京：南京大学出版社，2011.

[10] 王延才，屈保中，黄长春．变频调速系统设计与应用［M］．北京：机械工业出版社，2012.

[11] 李宏胜，朱强，曹锦江．数控系统维护与维修［M］．北京：高等教育出版社，2011.

[12] 沈兵，历承兆．数控系统故障诊断与维修手册［M］．北京：机械工业出版社，2009.

[13] 杨中力，胡宗政，左维．数控机床故障诊断与维修［M］．大连：大连理工大学出版社，2006.